小檜山賢二写真集　カブトムシ：マイクロプレゼンス 4

解説（監修・執筆）、同定　永井信二（日本昆虫分類学会）

出版芸術社

マイクロプレゼンスの思想

このシリーズも４作目となる。今回は「カブトムシ」である。「クワガタムシとともに、誰もが知っている人気のある昆虫である」「マイクロプレゼンスとはいえないような大型種が存在する」という２点で、これまで対象とした昆虫たちとは異なっている。これまで取り上げた「象虫」、「葉虫」、「塵騙」は、いずれもマイナーな虫たちで、一般的な昆虫図鑑などでは、「その他の甲虫」とか「雑甲虫」などと取り上げられる場合が多い。これらの、マイナーな虫たちに光を当て、一般には知られていない魅力を表現することによって、自然の奥深さ・すばらしさを表現することに努力をしてきた。これらの虫たちがマイナーな存在である最大の理由は、大きさである。取り上げた３グループのうちゾウムシとハムシは、5ミリ以下の体長の種が大半を占める。ゴミムシダマシは、いくらか大きく、５～７ミリぐらいにピークがある。これに対し、カブトムシでは１０センチ以上の大型種が存在する。カブトムシは、子供たちの人気者で、「里山」を象徴する昆虫である。これに加え、「ムシキング」などのゲームで外国産カブトムシの認知度が飛躍的に向上した。さらにそれら外国産昆虫たちの「生き虫」の輸入が解禁されてから、飼育も盛んになり、飼育したカブト虫の大きさを競うような世界にもなっている。

そんなカブトムシを取り上げた理由は、「好きだから」という単純なものである。ご多分に漏れず、大きなカブトムシをみつけて興奮し、虫採りに興じた少年時代を過ごした筆者にとって、一度は取り組んでみたいテーマなのである。なぜカブトムシがこんなに愛されるのか。その理由は、大型で格好が良いだけでなく、かみついたりする危険はないし、頑丈で触っても壊れることはないこともあるのだろう。つまり子供にとって生きた遊び相手になり得る存在なのである。しかも、そのおもちゃは、雑木林で自分で発見したものなのである。そう考えるとカブトムシは、子供と自然を結ぶ重要な存在であることがわかる。今では、生きたカブトムシの購入は難しくない。前述のように、外国種の購入も可能になっている。この動向に批判もあるだろうが、生き物に触り、育て、その死に遭遇することは、子供にとって貴重な体験だと思っている。ただ、雑木林を歩いて、樹液に来るカブトムシを見つけた時のあの感激は特別なものである。一生の宝になり得る経験である。この感激を出来るだけ多くの子供たちに経験してほしいと思う。この国に、カブトムシがいてくれたことはそんな意味で大変ありがたいことなのである。

カブトムシに魅力を感じているのは、勿論日本人だけではない。あのダーウィン先生も甲虫好きだったようで、コーカサスオオカブト（キロンオオミツノカブト　）について、「このカブトムシが、仮に牛とまでは言わぬが、イヌくらいの大きさであったとしたら、この虫はこの世で最も迫力のある (inposing) 生き物であることは間違いない。[1]」と言っているし、集団遺伝学の基礎を作ったホールデンは、「(神様) は、法外にカブトムシ類がひいきのようですな [2]」と言っているという。このように、カブトムシの形態は昔から、多くの人に注目され、魅力を感じられていたようである。

では、マイクロプレゼンスからみて、カブトムシとはどんな存在なのだろうか。実は、日本にカブトムシの研究者は少ない。それは、棲息する種の数が少ないのが理由と考えられる。南西諸島を除くと、カブトムシとコカブトの２種しか存在しない（南西諸島を入れても６種）のである。そのなかで、昆虫の王者の風格をもつカブトムシ (*Trypoxylus dichotomus*) が各地に棲息しているのは、とても幸せなことと思う。ただ、これでは研究の対象にはなりにくいし、このシリーズの主課題である「多様性」の提示はなかなか難しいのである。

「葉虫」を取り上げた時、ハムシは「科」であり、ゾウムシは「上科」であることを述べた。つまり、ゾウムシ、ハムシでは、扱う種の範囲が異なるのである。ハムシにも「上科」はある。ハムシ上科には、ハムシとカミキリムシが含まれる。カミキリムシをハムシと呼ぶ人はいない。

●パプアミツノサイカブト *Scapanes australis* 原寸：P113 (33) 3

一方ゾウムシ上科には、いくつもの科があるが、どういうわけか、皆ゾウムシの仲間と認識されている。このように、学問の世界と一般的な認識の世界では、とらえ方が異なることがあるのだ。さて、カブトムシである。カブトムシは「コガネムシ上科」の一員である。それならば、コガネムシ上科の中の「カブトムシ科」なのかというと分類学上はそうはなっていない。コガネムシ上科には、クワガタムシ科、センチコガネ科、コガネムシ科などが並ぶが、カブトムシ科は見当たらない。カブトムシは、コガネムシ科の一員なのである。コガネムシ科には、有名な糞虫の仲間や、よく見るハナムグリの仲間が含まれている。カブトムシは、その中に含まれるのである（詳細は解説：140頁参照）。つまり、カブトムシの仲間は、コガネムシ上科・コガネムシ科・カブトムシ亜科として位置付けられているのである。このように、カブトムシはハムシ・ゴミムシダマシよりも更に範囲が狭い。種数が少ないのも仕方がないのかもしれない。それでは、全世界ではどうかということになる。文献によると１４００～１５００種ぐらい[3]らしい（永井さんによると最新データでは約１７００種：105頁）。この種数が多いか少ないかは主観によるのだが、ゾウムシ（上科）で約１５００種、ハムシ（科）で約４００種が日本だけで棲息していることを考えると、やはりそう多い種数ではない。

さて、日本では、カブトムシを知らない人はいないほど認知度が高いのだが、これは国によって違いそうである。カブトムシの英名をRhinoceros Beetles（Rhinoceros:：サイ）としたのだが、どうもこれがはっきりしない。Horned Beetles あるいは学名に対応したDynastine Scarabs Beetles（Dynast：君主）という名称、そして単にBeetlesと記述している書もある。既に述べたように「カブトムシという科はないので、カブトムシの仲間全体を表すような言葉がないのは、不思議ではない」と論理的には思うのだけれど、カブトムシを愛する日本人から見ると不思議な感じがする。もっとも、日本人の虫好きの方が、世界から見るときわめてまれな存在なのかもしれない。

このような、カブトムシをテーマにして、本シリーズの主題である「多様性」を何処に見つけるか。最もわかりやすいのは、カブトムシの象徴である「角」の形態であろう。この特徴は最もわかりやすく、また魅力的でもある。事実、角の大きさ・形態は実に様々で、予想外に大きな差があった。これに加え意外だったのは、同一種でも角の形／大きさに差があることであった。つまり、同一種の中で、大型になるほどその種の特徴がでるのである。そんなことから、カブトムシのブリーダーたちがミリ単位で大きさを競うのもあながち不思議なことではない。

しかし、カブトムシに取り組んでみると、さまざまな見方で多様性を発見した。先ず、体長の違いが大きいということである。ヘラクレスなど大型種に注目が集まるが、意外と小型の種が多いのである。小型といっても２センチぐらいはあるので、ゾウムシやハムシに比べれば大きいのだけれど、大型種と比較すると十分の一ぐらいの種も存在するので、とても小型に見える。これらの種の魅力を引き出すのも楽しい作業であった。もう一つの多様性は、体の各部の多様性であった。角はもちろんだが、肢の先端にあるツメの形態、ムネの部分にある細かい点刻模様や、角や体に密生する体毛など、これまでは全く気づかない魅力であった。そして、制作を終えた感想は、「やはりカブトムシは格好良い」であった。

一方、作品として考えると、マイナーな虫と異なり、既に多くの作品が公表されている。その中で、「新しいカブトムシの世界を提示」できるのか、「子供時代に感じたときめきを伝えることが出来る作品」にできるのか、これは大きな挑戦でもあった。それが達成できているかどうかは、読者の判断に待つしかない。カブトムシの新しい魅力を発見していただければ、作者としてこれに勝る喜びはない。

２０１４年5月３１日

小檜山賢二

参考文献
1：河野和男、「カブトムシと進化論」、新思想社、2001の15頁
Charles Darwin、「The Descent of Man」, Penguin Classics, の374頁
2：同上の150頁
G.E.Hutchinson、「Homage to Santa Rosalia or Why are there so many Kinds of Animals」,The American Naturalist Vol.XCIII No.870, P146
3：S.Endodi、「The Dynasrinae of The World」、Junk,1985の15頁では、１３６６種
岡島秀治、荒谷邦雄監修「日本産コガネムシ上科標準図鑑」、学研、2012の361頁では、１５００種ほどの記述がある

● ゾウカブト　*Megasoma elephus*　原寸：P124 (76)

6 ● クリイロカンムリマルカブト *Pseudoryctes bidentifrons* 原寸：P110 (18)

注：和名について

日本産：原色日本昆虫図鑑（保育社）などを参照

外国産：永井が選定あるいは命名

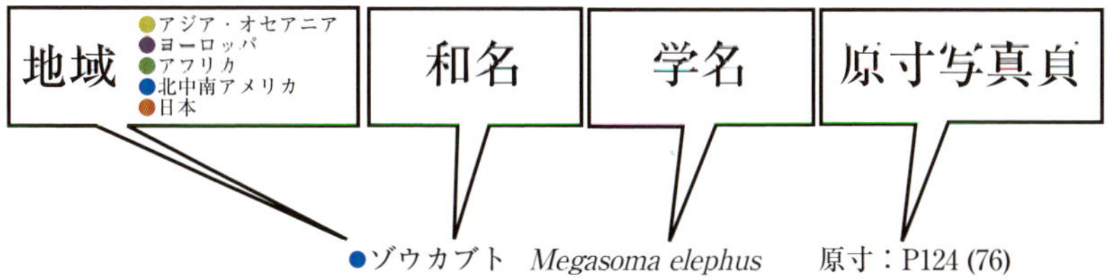

 ● ユミアシコガネカブト *Harposcelis paradoxus* 原寸：P106 (1)

●ブルガリスエボシコガネカブト *Ancognatha vulgaris* 原寸：P106 (2)

10 ●アヤモンコガネカブト　*Cyclocephala* sp.　原寸：P106 (3)

● アカムネコガネカブト *Cyclocephala melanocephala* 原寸：P106 (4)

 ●ムツボシコガネカブト *Cyclocephala gabaldoni* 原寸：P106 (5)

●ハスモンコガネカブト *Cyclocephala foersteri* 原寸：P107 (6)

●マルセンコガネカブト *Cyclocephala ocellata* 原寸：107 (7)

●キバネナガコガネカブト *Aspidolea bleuzeni* 原寸：P107 (8)

14 ● セスジタカネパプアカブト *Chalcocrates felschei* 原寸：P107 (9)

パプアカブトムシ *Oryctoderus latitarsis* 原寸：P107 (10)

16 ●ミドリカラカネヒナカブト *Agaocephala bicuspis* 原寸：P108 (11)

● ヨツボシヒナカブト *Brachysiderus quadrimaculatus* 原寸：P108 (12)

 ● ミツノヒナカブト *Aegopsis curvicornis* 原寸：P108 (13)

● アカムネヒナカブト *Gnathogolofa bicolor* 原寸：P108 (14)

●トゲエボシヒナカブト　*Lycomedes buckleyi*　原寸：109 (15)

 ● ベーツビロードヒナカブト *Spodistes batesi* 原寸：P100 (16)

●ハビロコツノヒナカブト　*Mitracephala humboldti*　原寸：P109 (17)

 ●ゴウシュウムナクボマルカブト *Cheiroplatys excavatus* 原寸：P110 (19)

● マルガッシュヒゲナガマルカブト　*Parisomorphus bouvieri*　原寸：P110 (20)

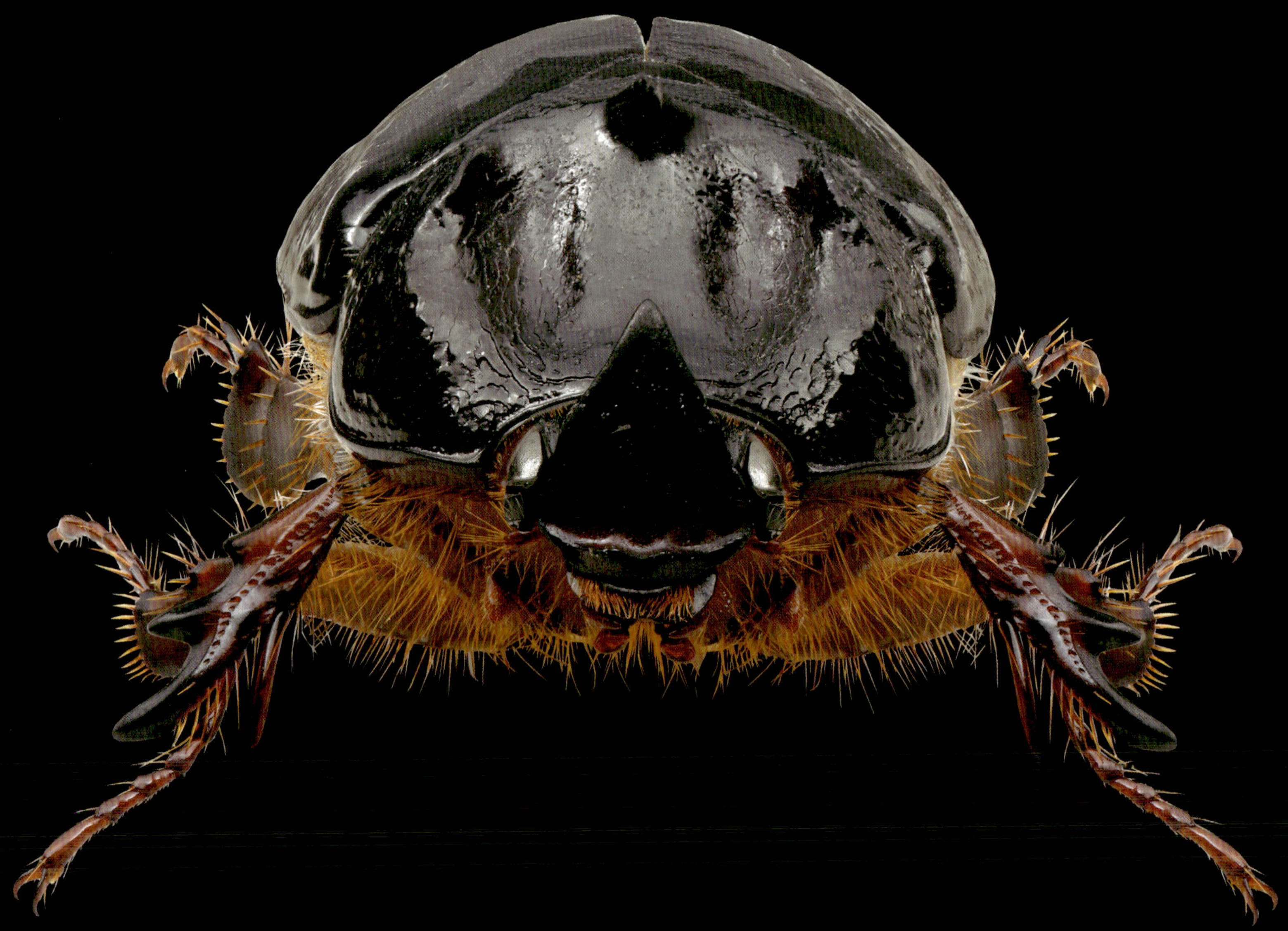

 ● オプタトスハマベマルカブト *Dipelicus optatus* 原寸：P110 (21)

 ●オリオンスナバムナクボマルカブト *Phyllognathus orion* 原寸：P111 (24)

● ブルマイスタースナバムナクボマルカブト *Phyllognathus burmeisteri* 原寸：P111 (25)

 ● テクトスヒメカンムリマルカブト *Cryptoryctes tectus* 原寸：P111 (26)

●ブリットンヒメカンムリマルカブト *Cryptoryctes brittoni* 原寸：P111 (27)

●プシルスヒメカンムリマルカブト *Cryptoryctes psilus* 原寸：P112 (28)

 ●フタツノアメリカハビロクロマルカブト *Bothynus entellus* 原寸：P112 (29)

●フトヅノマグソクロマルカブト　*Diloboderus adberus*　原寸：P112 (30)

 ● ツヤツツクロマルカブトムシ *Pucaya castanea* 原寸：P112 (31)

●ウッドラークパプアクロマルカブト　*Papuana woodlarkiana*　原寸：P112 (32)　

 ●オウサマサイカブト *Oryctes gigas* 原寸：P113 (34)

●ヨコミゾサイカブト　*Oryctes latecavatus*　原寸：P113 (35)　

 ●オウシュウサイカブト *Oryctes nasicornis* 原寸：113 (36)

 ●マルタバンコブサイカブト　*Trichogomphus martabani*　原寸：P114 (38)

●ブロンクスコブサイカブト　*Trichogomphus bronchus*　原寸：P114 (43)

44 ● ルニコリスコブサイカブト　*Trichogomphus lunicollis*　原寸：P114 (40)

● ヘリウスサイカブト　*Enema pan*　原寸：P115 (41)　

●ステューベルツヤサイカブト *Megaceras stuebeli* 原寸・P100 (13)

 ●ケバネアメリカヒサシサイカブト *Heterogomphus hirtus* 原寸：P115 (43)

 ●ハビロアメリカヒサシサイカブト *Heterogomphus ulysses* 原寸：P116 (45)

● ミツノアメリカヒサシサイカブト *Heterogomphus mniszechi* 原寸：P116 (40)

 ● コツノサイカブト *Xenoderus janus* 原寸：P116 (47)

●バリドスミツノサイカブト *Strategus validuss* 原寸：P110 (48)

●ツノナガミツノサイカブト　*Strategus mandibularis*　原寸：P116 (49)

 ●ヒラヅノサイカブト *Ceratoryctoderus candezei* 原寸：P117 (50)

● ツヤヒラヅノサイカブト *Ceratoyctoderus armatus* 原寸：P117 (51)

 ● イテュスコサイカブト *Clyster itys* 原寸：P117 (52)

● ミツノセスジサイカブト *Coelosis bicornis* 原寸：P117 (53)

60 ● ゴホン

62 ● ハードウィックゴホンカブト *Eupatorus (Eupatorus) hardwickii* 原寸：P118 (56)

● ミツノセスジサイカブト *Coelosis biconis* 原寸：P117 (53)

 ●ゴホンカブト　*Eupatorus (Eupatorus) gracilicornis*　原寸：P118 (54)

● ビルマゴホンカブト　*Eupatorus (Alcidosoma) birmanicus*　原寸：P118 (55)

 ●ハードウィックゴホンカブト　*Eupatorus (Eupatorus) hardwickii*　原寸：P118 (56)

● シャムゴホンカブト　*Eupatorus (Alcidosoma) siamensis*　原寸：P118 (57)

 ● パプアミツノカブト *Beckius beccarii* 原寸：P119 (58)

●ヒメカブト　*Xylotrupes gideon*　原寸：P119 (59)

66 ●ケブカヒメカブト *Xylotrupes pubescens* 原寸：P119 (60)

●サビカブト　*Allomyrina pfeifferi*　原寸：P120 (61)

 ● カブトムシ　*Trypoxylus dichotom*　原寸：P120 (62)

●カブトムシ　*Trypoxylus dichotom*　原寸：P120 (62)

 ● シナカブト　*Xyloscaptes davidis*　原寸：P121 (63)

●ゴウシュウカブト　*Haploscapanes barbarossa*　原寸：P121 (64)

 ●キロンオオミツノカブト *Chalcosoma chiron* 原寸：P121 (65)

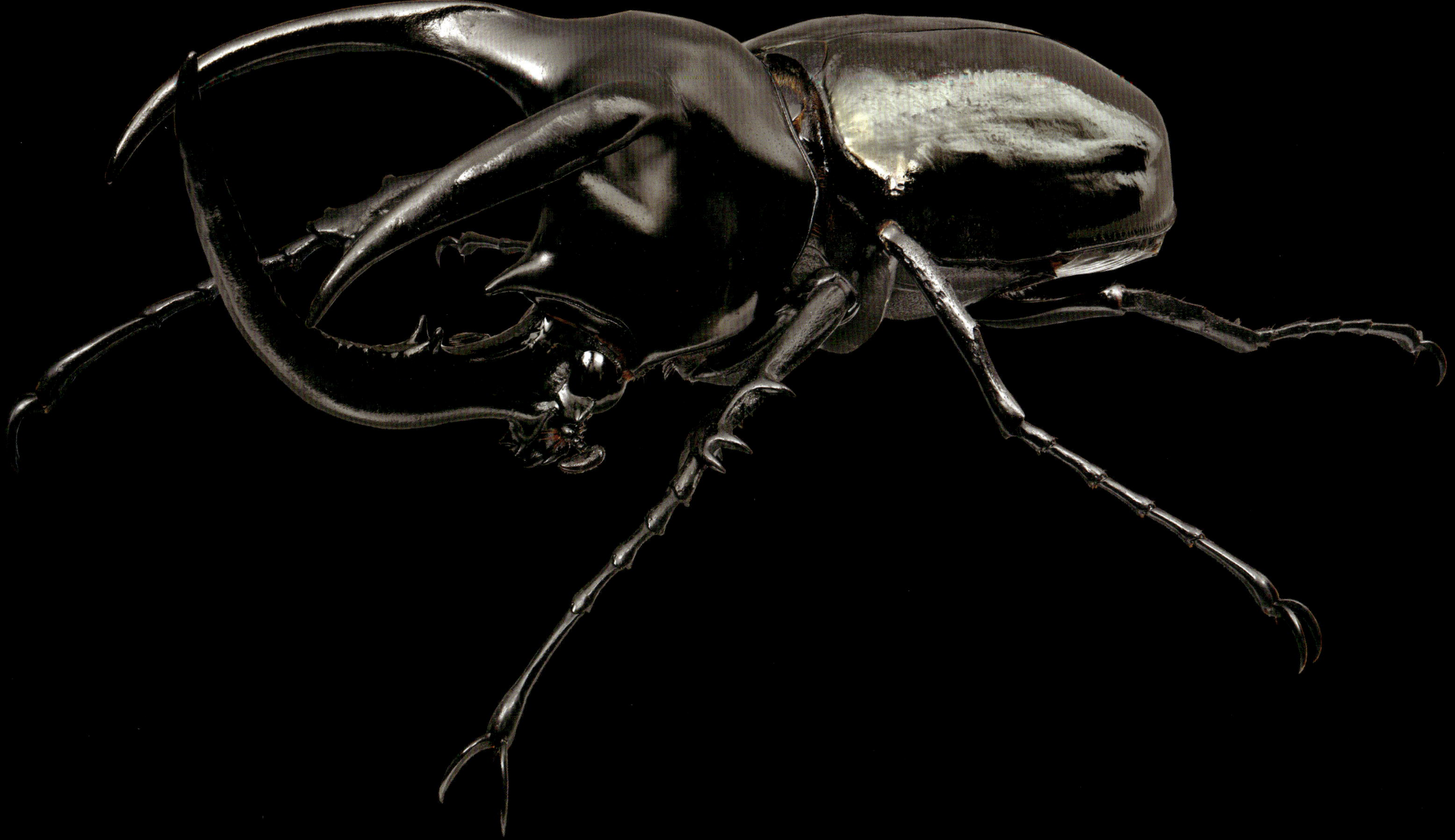

●モーレンカンプオオミツノカブト *Chalcosoma moellenkampi*　原寸：P121 (66)

●アトラスオオミツノカブト *Chalcosoma atlas* 原寸：P122 (67)

●ヘラクレスオオカブト *Dynastes hercules lichyi*　原寸：P122 (68)

 ●ヘラクレスオオカブト *Dynastes hercules lichyi*　原寸：P122 (68)

 ●サタンオオカブト *Dynastes satanas*　原寸：P123 (70)

● アフリカオオカブトムシ　*Augosoma centaurus*　原寸：P124 (75)　

 ●グラントシロカブト *Dynastes grantii*　原寸：P123 (71)

● チチウスシロカブト *Dyanstes tityus* 原寸：P123 (72)

 ●マヤシロカブト *Dyanstes maya* 原寸：P124 (73)

●ヒルスシロカブト *Dynastes hyllus* 原寸：P124 (74)

 ●テルシテスヒメゾウカブト *Megasoma thersites*　原寸：P125 (77)

● パチョコヒメゾウカブト *Megasoma pachecoi*　原寸：P125 (78)　

 ●マルスゾウカブト *Megasoma mars*　原寸：P125 (79)

●アクタエオンゾウカブト *Megasoma actaeon*　原寸：P125 (80)

 ● ノコギリテナガカブト　*Golofa porteri* 原寸：P126 (81)

●ヒシガタタテヅノカブト　*Golofa claviger*　原寸：P126 (82)　

 ●ツヤタテヅノカブト　*Golofa cochlearis* 原寸：P126 (83)

● シシメカタテヅノカブト　*Golofa xiximeca*　原寸：P126 (84)　

 ●モンタンドンヒラタカブト　*Hexodon montandonii*　原寸：P127 (85)

●アヤモンヒラタカブト *Hexodon reticulatum* 原寸：P127 (86)

 ●ヒメヒラタカブト　*Hexodon minutum*　原寸：P127 (87)

●ヒラタカブト　*Hexodon unicolor*　原寸：P127 (88)　

 ●オニコカブト *Archophanes cretericollis*　原寸：P128 (89)

サスマタコカブト *Trioplus cylindricus*　原寸：P128 (90)

 ● ツルンカートスオオコカブト *Phileurus truncatus* 原寸：P128 (91)

● オオサマオオコカブト *Phileurus didymus* 原寸：P128 (92)

 ●コカブト *Eophileurus chinensis* 原寸：P129 (93)

● クボミアリノスコカブト　*Cryptodus caviceps*　原寸：P129 (94)　

 ● クボミアリノスコカブト *Cryptodus caviceps* 原寸：P129 (94)

種別解説　永井信二　（原寸大写真）

1：コガネカブト族・・(14属：443種)・・106頁
1－1：ユミアシコガネカブト属
・ユミアシコガネカブト
1－2：エボシコガネカブトムシ属
・ブルガリスエボシコガネカブト
1－3：コガネカブトムシ属
・アヤモンコガネカブト
・アカムネコガネカブト
・ムツボシコガネカブト
・ハスモンコガネカブト
・マルモンコガネカブト
1－4：ナガコガネカブトムシ属
・キバネナガコガネカブト

2：パプアカブトムシ族（12属：52種）・・107頁
2－1：タカネパプアカブトムシ属
・セスジタカネパプアカブト
2－2：パプアカブトムシ属
・パプアカブトムシ

3：ヒナカブトムシ族（11属：54種）・・・108頁
3－1：カラカネヒナカブトムシ属
・ミドリカラカネヒナカブト
3－2：ミツノヒナカブトムシ属
・ミツノヒナカブト
3－3：アカムネヒナカブトムシ属
・アカムネヒナカブト
3－4：エボシヒナカブトムシ属
・トゲエボシヒナカブト
3－5：ビロードヒナカブトムシ属
・ベーツビロードヒナカブト
3－6：コツノヒナカブトムシ属
・ハビロコツノヒナカブト

4：マルカブトムシ族（96属：597種）・・・110頁
4－1：カンムリマルカブトムシ属
・クリイロカンムリマルカブト
4－2：ゴウシュウムナクボマルカブトムシ属
・ゴウシュウムナクボマルカブト
4－3：マルガッシュマルカブトムシ属
・マルガッシュヒゲナガマルカブトムシ
4－4：ハマベマルブトムシ属
・オニハマベマルブトムシ
・オプタトスハマベマルカブト
・ヒメオニハマベマルカブト
4－5：スナバムナクボマルカブトムシ属
・オリオンスナバムナクボマルカブト
・ブルマイスタースナバムナクボマルカブト
4－6：ヒメカンムリマルカブト属
・テクトスヒメカンムリマルカブト
・ブリットンヒメカンムリマルカブト
・プシルスヒメカンムリマルカブト
4－7：アメリカハビロクロマルカブトムシ属
・フタツノアメリカハビロクロマルカブト
4－8：フトヅノマグソクロマルカブト属
・フトヅノマグソクロマルカブト
4－9：ツヤツツクロマルカブトムシ属
・ツヤツツクロマルカブトムシ
4－10：パプアクロマルカブトムシ属
・ウッドラークパプアクロマルカブトム

5：サイカブト族（26属：240種）・・・・113頁
5－1：パプアミツノサイカブトムシ属
・パプアミツノサイカブト
5－2：サイカブトムシ属
・オウサマサイカブト
・ヨコミゾサイカブ
・オウシュウサイカブト
5－3：コブサイカブトムシ属
・マルタバンコブサイカブト
5－4：ハビロサイカブトムシ属
・ヘラズノハビロサイカブト
・ブロンクスコブサイカブト
5－5：ツヤサイカブトムシ属
・スチューベルツヤサイカブト
・ルニコリスコブサイカブト
5－6：ヘリウスサイカブトムシ属
・ヘリウスサイカブト
5－7：アメリカヒサシサイカブトムシ属
・ケバネアメリカヒサシカブト
・ヒメケバネアメリカヒサシカブト
・ハビロアメリカヒサシカブト
・ミツノアメリカヒサシカブト
5－8：コツノサイカブトムシ属
・コツノサイカブトムシ
5－9：ミツノサイカブトムシ属
・パリドスミツノサイカブト
・ツノナガミツノサイカブト
5－10：ヒラヅノサイカブトムシ属
・ヒラヅノサイカブト
・ツヤヒラヅノサイカブト
5－11：コサイカブトムシ属
・イテュスコサイカブト
5－12：セスジサイカブトムシ属
・ミツノセスジサイカブト

6：カブトムシ族（13属：80種）・・・・・118頁
6－1：ゴホンカブトムシ属
・ゴホンカブト
・ビルマゴホンカブト
・ハードウィックゴホンカブト
・シャムゴホンカブト
6－2：パプアミツノカブトムシ属
・パプアミツノカブト
6－3：ヒメカブトムシ属
・ヒメカブト
・ケブカヒメカブト
6－4：サビカブトムシ属
・サビカブト
6－5：カブトムシ属
・カブトムシ
6－6：シナカブトムシ属
・シナカブト
6－7：ゴウシュウカブトムシ属
・ゴウシュウカブト
6－8：オオミツノカブトムシ属
・キロンオオミツノカブト
・モーレンカンプオオミツノカブト
・アトラスオオミツノカブト
6－10：オオカブトムシ属
・ヘラクレスオオカブト
・ネプチューンオオカブト
・サタンオオカブト
・グラントシロカブト
・チチウスシロカブト
・マヤシロカブト
・ヒルスシロカブト
6－11：アフリカオオカブトムシ属
・アフリカオオカブトムシ
6－12：ゾウカブト属
・ゾウカブト
・テルシテスヒメゾウカブト
・パチェコヒメゾウカブト
・マルスゾウカブト
・アクタエオンゾウカブト
6－13：テナガカブトムシ属
・ノコギリテナガカブト
・ヒシガタタテヅノカブト
・ツヤタテヅノカブト
・シシメカタテヅノカブト

7：ヒラタカブトムシ族（1属：10種）・・127頁
7－1：ヒラタカブトムシ（ヘクソドン）属
・モンタンドンヒラタカブ
・アヤモンヒラタカブト
・ヒメヒラタカブト
・ヒラタカブトムシ

8：コカブトムシ族(37属：245種)・・・・128頁
8－1：オニコカブトムシ属
・オニコカブト
8－2：サスマタコカブトムシ属
・サスマタコカブト
8－3：オオコカブトムシ属
・ツルンカートスオオコカブト
・オオサマオオコカブト
8－4：コカブトムシ属
・コカブト
8－5：アリノスコカブトムシ属
・クボミアリノスコカブト

Dynastinae：カブトムシ亜科：(210 属：1721 種)

1 ：Cyclocephalini：コガネカブトムシ族：(14 属：443 種)

頭と胸は雌雄共に同じで、頭には２つの小さなコブがあるが目立った角（ツノ）は無い。背中はあまり強く盛り上がらない。オスの前足の先は時に大きく膨らむ。14 属 443 種記録され、アフリカの２種を省き全ての種類が南北アメリカに分布し、一部はオーストラリアに人為的に分布している。体長 6.6 ～ 44mm。

1-1：*Harposceles* Burmeister, 1847：ユミアシコガネカブトムシ属

眼が非常に大きく、オスのアンテナは長い。前足は強く内側に曲がる。
本族中の最大種で一属一種。体長：38 ～ 44 mm。分布：仏領ギアナ、エクアドル。

(1) 008 頁 : ユミアシコガネカブト

Harposcelis paradoxus Burmeister, 1847

種の特徴は属の解説に順ずる。収録個体はフランス領ギアナ産。
撮影データ：Canon 1DsMark3//SIGMA50mmf2.8DG MACRO/1/250,F8 ／ TWINKLE04 F2x2

1-2：*Ancognatha* Erichson, 1847：エボシコガネカブトムシ属

他のコガネカブト類に似るが胸の後方が普通（他の属では縁取られる）であることで区別できる。19 種知られる。体長：15 ～ 29 mm。アメリカ合州国南部。（テキサス州）～アルゼンチンに分布する

(2) 009 頁 : ブルガリスエボシコガネカブト

Aancognatha vulgaris Arrow, 1911

全体に黄褐色で翅の丸い六個の黒色紋が目立つ。コスタリカからボリビアにかけて分布する。
収録個体はエクアドル産
撮影データ：Canon 1DsMark3//SIGMA50mmf2.8DG MACRO+C-AF1 1.5X TELEPLUS/1/250,F8 ／ TWINKLE04 F2x2

1-3：*Cyclocephala* Latreille, 1829：コガネカブトムシ属

本属の種は背中の斑紋が非常に変化にとみ、様々である。オスの前足の先端は膨らむ。オスに角が無いことから他のコガネムシと間違われやすく、スジコガネモドキやガムシモドキなどと呼ばれることもある。本属のみで 300 種を越える種類が知られ、解明が進めば 400 種あるいはそれ以上の種類となるであろう。体長：6.6 ～ 31 mm。アメリカ合州国中部～南アメリカ南部に産する。

(3) 010 頁 : アヤモンコガネカブト

Cyclocephala sp.

本種は *C. pugnax* に翅の紋が一致するが、胸が黒色ではなく、点刻を伴うことから別種と考えられる。収録個体はエクアドル産。体長：16mm
撮影データ：Canon 1DsMark3/MP-E 65mm ／ 1/250,F8 ／ TWINKLE04 F2x2

(4) 011 頁 : アカムネコガネカブト

Cyclocephala melanocephala Fabricius, 1775

本種は胸等が赤褐色を帯び、翅は黄褐色で斑紋は無い。本種はアメリカ合衆国からアルゼンチンにかけて広範囲に分布する。体長：12 ～ 15mm。収録個体はエクアドル産。
撮影データ：Canon 1DsMark3/MP-E 65mm ／ 1/250,F8 ／ TWINKLE04 F2x2

(5) 012 頁 : ムツボシコガネカブト

Cyclocephala gabaldoni A. and A. Martinez, 1980

図示の個体は種の特徴がよく出ているが、黒色紋は変化がある。体長：14 ～ 16mm。ベネズエラ及びフランス領ギアナに産する。
収録個体はフランス領ギアナ産。
撮影データ：Nikon D800E Nikkor 105mm f2.8 Macro +C-AF2X TELEPLUS/1/250,F8 ／ TWINKLE04 F2x2

(6) 012 頁：ハスモンコガネカブト

Cyclocephala forsteri Endrödi, 1963

黒色の斑紋が特徴の種。本属のメスには翅の側縁部にタコ状の弱い膨らみをもつ種類が多い。これはオスの前足の先端が膨らんだり、その爪がカギ状になっていることと関係が深い。どうやら交尾に役立つと考えられる。体長：20 ～ 22mm。本種はメキシコからボリビアまで分布する。収録個体はフランス領ギアナ産。
撮影データ：Nikon D800E Nikkor 105mm f2.8 Macro/1/250,F8 ／ TWINKLE04 F2x2

(7) 013 頁：マルモンコガネカブト

Cyclocephala ocellata Burmeister, 1847

カブトムシ類では珍しい丸い紋を翅に備えた種類で、他の種と間違えることは無い。体長：13 ～ 17mm。フランス領ギアナ、エクアドル及びペルーから記録されている。収録個体はフランス領ギアナ産。
撮影データ：Nikon D800E Nikkor 105mm f2.8 Macro/1/250,F8 ／ TWINKLE04 F2x2

1-4：*Aspidolea* Bates, 1888：ナガコガネカブトムシ属　24 種

Cyclocephala 属に非常によく似るが以下の諸点で区別される。頭盾は前方に突き出し、前縁は切断状か弱く丸みを帯びる。*A.fulginea* は例外的に大型で 30mm に達する。体長：9 ～ 30 mm。分布：アメリカ合州国南部～南アメリカ南部。

(8) 013 頁：キバネナガコガネカブト

Aspidolea bleuzeni Dechambre, 1995

本種は現在フランス領ギアナからのみ記録され、背中の黒色紋は変化が多い。
体長：14 ～ 15mm。収録個体はフランス領ギアナ産
撮影データ：Canon 1DsMark3//Canon100mmMacrof2.8+C-AF1
2.0X TELEPLUS/1/250,F8 ／ TWINKLE04 F2x3

2：Oryctoderini：パプアカブトムシ族（12 属：52 種）

頭には一個か二個の小さなコブをもつ種類とそうではない種類がある。ただし、ソロモン群島の *Chalcasthenes* 属では小型ながらオスの頭に長い角をもつものが知られている。体長：12 ～ 50mm。12 属 52 種からなり、東南アジアからニューギニア島、そして，オーストラリア及びニューカレドニアに分布する。

2-1：*Chalcocrates* Heller, 1903：タカネパプアカブトムシ属

オスでも角は無く、全体に丸みがある。ニューギニアの山地に生息し、得がたい種類が多い。5 種知られる。体長：32 ～ 50 mm。分布：ニューギニア。

2-2：*Oryctoderus* Boisduval, 1835：パプアカブトムシ属

体は丸まり、背中は強く盛り上がる。オスの前足の末端部は時に短くなり、先端はふくらみ、爪はカギ状にまがる。5 種が記録される。体長：23 ～ 40 mm。分布：ニユーギニア（属島を含む)、オーストラリア、ニユーヘブリデス。

(9) 014 頁：セスジタカネパプアカブト

Chalcocrates felschei Heller, 1903

本種は非常に特徴的な色彩と斑紋をそなえる。45 年前ニューギニアで初めて得たときはテナガコガネの一種のメスではないかと勘違いしたほど驚いた。頭と胸は淡い緑色の金属光沢を帯び、翅は深いチョコレート色に乳白色の縦筋を備える。体長：35 ～ 36mm。ニューギニアに分布する。図収録個体はイリアンジャア産。
撮影データ：Canon 1DsMark3//Canon 100mm Macro f2.8/ 1/250, F8 ／ TWINKLE04 F2x3

(10) 015 頁：パプアカブトムシ

Oryctoderus latitarsis Boisduval, 1835

全体に丸みが強く背面は光沢が強い。オスの前足は頑丈で、符節は互いに短くなり、先端のみ肥大する。その先の爪も非常に強壮でカギ状に曲がる。鈴木智之氏のニューギニアでの熱心な観察から、本種のオスのこの特徴が交尾のときにメスを抱える為の重要な形態となっている事が報告された。これらの特徴は他のカブトムシ類やスジコガネの仲間にも見られる特徴で、ひょっとしたらそれらは近縁な関係にあるのかも知れない。体長：32 ～ 40mm。本種はニューギニア本島の他に、属島の Yule 島、Woodlark 島、Key 島及び Tanbimbar 島等にも産し、比較的低地でも見られる。収録個体はイリアンジャヤ産
撮影データ：Canon 1DsMark3//SIGMA50mmf2.8DG MACRO/1/250,F8 ／ TWINKLE04 F2x2

3：Agaocephalini：ヒナカブトムシ族（11 属：54 種）

中型で変化に富んだ種類が多く、体が金属光沢をもつもの、灰色の粉をまとったものなども多く、得がたい種類が多い。オスは奇妙な形の角をもつ種類が知られる。11 属：54 種が中央アメリカから南アメリカ東部〜南部に分布し、一部はカリブ海にも産する。体長：18 〜 53mm。

3-1：*Agaocephala* Serville, 1825：カラカネヒナカブトムシ属

頭と胸そして小盾板(ショウジュンバン)は金属光沢をもち、種類によっては時に緑色を帯び稀に青味を帯びる。オスの頭には 2 本の角があり、胸の前にもコブ状か短い角をもつ。6 種知られる。体長：21 〜 42 mm。分布：南アメリカ。

(11) 016 頁 : ミドリカラカネヒナカブト

Agaocephala bicuspis Erichson, 1858

背中は全体に光沢の無い緑色を帯び、茶褐色の部分も見られる。本種はその色彩によって他種と見間違うことは無い。体長：27 〜 30mm。ベネズエラ及びギアナに産する。収録個体はベネズエラ産。
撮影データ：Canon 1DsMark3//Cnon100mmMacrof2.8/1/250,F8 ／ TWINKLE04 F2x3

3-2：*Brachysiderus* Waterhouse, 1881 ハビロヒナカブトムシ属

金属光沢を欠き、大型で幅広く、体は強壮。体色は黄色味のやや強い褐色に黒紋を備え、背面はやや偏平で光沢が強い。眼縁突起前縁には前方へ突出する突起を備える。頭部中央の突起は長く、先端は二叉状。脛節は非常に強壮である。5 種が記録されている。体長：27 〜 40 mm。アンデス山脈及びブラジル東部〜東南部に分布する。ブラジルに産する小型の種類は別属とするべきグループである。

(12) 017 頁 : ヨツボシヒナカブト

Brachysiderus quadrimaculatus Waterhouse, 1881

丸みを帯びた体型のヒナカブト。胸の黒色紋は固体よっては消失する。体長：27 〜 40mm。エクアドル、ペルー及びボリビアのやや高地に産し、産地によって亜種程度の差が見られる。収録個体はペルー産。
撮影データ：Nikon D800E Nikkor 60mm f2.8 Macro /1/250,F8 ／ TWINKLE04 F2x2

3-3：*Aegopsis* Burmeister, 1847 ミツノヒナカブトムシ属

体は幅広く、色彩は黒色から栗色である。オスは頭に 2 本、胸から 1 本の合計 3 本の角をもつ小型でかわいらしい属である。4 〜 5 種からなる。体長：18 〜 32 mm。中央アメリカ南部〜南アメリカ南部、トリニダッド島。

(13) 018 頁 : ミツノヒナカブト

Aegopsis curvicornis Burmeistert, 1847

最も広域に分布する種類。全くの黒色から栗色、または胸のみ赤褐色になるなど変化は大きい。幾つかの消された名称が存在し、また産地によって異なる形態を備えているので、将来幾つかの種または亜種に分類されるであろう。体長：20 〜 32mm。パナマ、コロンビア、ベネズエラ、ブラジル及びトリニダッドに産する。収録個体はエクアドル産である。データに間違いが無ければ新産地となる。
撮影データ：Nikon D800E Nikkor 60mm f2.8 Macro /1/250,F8 ／ TWINKLE04 F2x2

3-4：*Gnathogolofa* Arrow, 1914：アカムネヒナカブトムシ属

胸は黄色で、翅は栗色である。オスの頭には短い角がある。1 属 1 種。体長：28 〜 36 mm。分布：エクアドル。カリブ海の島にもう 1 種産するが別属とするべき種類である。

(14) 019 頁 : アカムネヒナカブト

Gnathogolofa bicolor Ohaus, 1910

種名の通り二色の色彩に光沢を伴う。種の特徴は属の解説に順ずる。
撮影データ：Canon 1DsMark3//Canon100mmMacrof2.8+36mmExtensionTube/1/250,F8 ／ TWINKLE04 F2x3

3-5：*Lycomedes* Breme, 1844：エボシヒナカブトムシ属

体は黒一色であるが、その大部分をねずみ色でビロード状のもので覆われる。オスの頭の角は様々で、4本の角をもつものまである。更に胸には真上を向く角がある。メスの体は非常に平べったい。属名はギリシャ神話のスキュロス島の王リコメデスに因む。7種知られるが数種を省き得がたい種類が多い。体長：21 ～ 38 mm。分布：コロンビア、エクアドル。

(15) 020-021 頁：トゲエボシヒナカブト

Lycomedes buckleyi Waterhouse, 1880

本種は頭の角の先端近くに後方を向く三角形の突起を備えることで他種と区別できるが、小型固体では不明瞭。体長：30 ～ 33mm。本種はエクアドルのみに産する。
撮影データ：Canon 1DsMark3//SIGMA50mmf2.8DG MACRO+C-AF1 1.5X TELEPLUS/1/250,F8 ／ TWINKLE04 F2x3

3-6：*Spodistes* Burmeister, 1847：ビロードヒナカブトムシ属

エボシヒナカブトムシ属に似るが、オスの頭と胸の角は前方に向かって伸びる。メスの体はより扁平である。8種からなるが数種を省き得がたい。体長：25 ～ 49 mm。分布：メキシコ～コロンビア。

(16) 022 頁：ベーツビロードヒナカブト

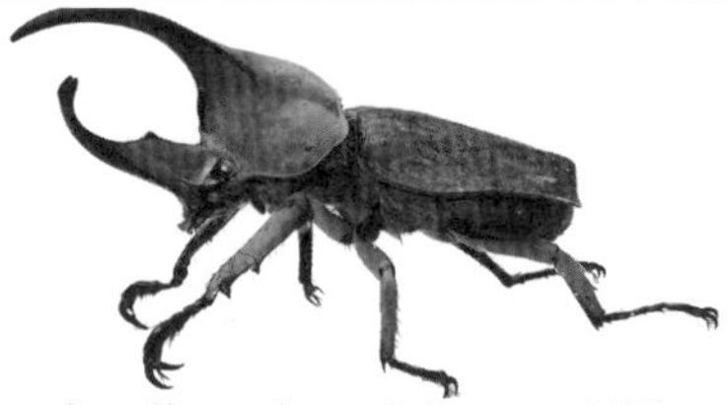

Spodistes batesi Arrow, 1902

ヘラクレスを小型にしたような形態のヒナカブト。頭の角の背面基部及び胸の前面基部にそれぞれ1個の小突起を備える。体長：25 ～ 30mm。メキシコからパナマにかけて産す。収録個体はパナマ産。
撮影データ：Nikon D800E Nikkor 60mm f2.8 Macro /1/250,F8 ／ TWINKLE04 F2x2

3-7：*Mitracephala* Thomson, 1859：コツノヒナカブトムシ属

体はやや大きく、幅広い体型の属である。オスの頭と胸には太くて短い角がある。翅の色は時に栗色となる。長い間1属1種であったが、近年フランスの友人二人によってボリビアから新種が発見された。2種で構成される。体長：30 ～ 44 mm。分布：コロンビア～ボリビア。

(17) 023 頁：ハビロコツノヒナカブト

Mitracephala humboldti Thomson, 1859

固体によっては翅の色が濃色となる。地域的に濃色となることも有るようだ。
脚は非常に強壮である。体長:30 ～ 40mm。分布:コロンビア～ボリビア北部。
収録個体はエクアドル産
撮影データ：Canon 1DsMark3//SIGMA50mmf2.8DG MACRO+C-AF1 2X TELEPLUS/1/250,F8 ／ TWINKLE04 F2x2

4：Pentodontini：マルカブトムシ族（96 属：597 種）

最も多くの種類が含まれる族で、オスとメスの差が少ない種類が多い。オスの前足の先端は一般に単純であるが時に膨らむ。96 属 597 種が知られる大族である。体長：8.5 ～ 42mm。全世界の温帯から熱帯のほぼ全域に分布している。

4-1：*Pseudoryctes* Sharp, 1873：カンムリマルカブトムシ属

本属の種類は何れもオーストラリアに棲息し、得がたいものが多い。これはオーストラリアの国情による部分と、彼らの生態が不明なものが殆どあることに起因している。成虫の活動期が不安定であることも大きな要因となっている。他の生物にもいえるのであろうが、オーストラリアの砂漠や半乾燥地帯は雨が降らないことが時に何年も続き、それゆえ雨に依存している生物を観察するのが困難であるからであろう。カブトムシに限らず、こういった環境のコガネムシ類にはどちらか一方の性しかしられていないものがかなり存在し、ある種類では雌が非常に珍しいかまったく知られていないものもある。9 種知られる。体長：14 ～ 23 mm。

(18) 006 頁 : クリイロカンムリマルカブト

Pseudoryctes bidentifrons Lea, 1926

本種はオーストラリアの北部に産し、メスに関する報告がないのであるいは未だ発見されていないかもしれない。体長：17 ～ 20mm。オーストラリア産
撮影データ：Nikon D800E Nikkor 60mm f2.8 Macro +Extension25mm/1/250,F8 ／ TWINKLE04 F2x2

4-2：*Cheiroplatys* Hope, 1837：ゴウシュウムナクボマルカブト属

黒色から濃褐色の種類で構成され。オスの胸の中央やや先端部には、明瞭に窪む。またその先端には一個の小さいが強い突起を備える。12 種からなる。体長：15 ～ 28 mm。分布：ニューギニア、オーストラリア、ニューカレドニア。

(19) 024 頁 : ゴウシュウムナクボマルカブト

Cheiroplatys excavatus Lea 1917

強壮な体の種で、背面は光沢を供える。胸の中央は大きくそして深く窪み、その先端には小さいが明瞭な突起をもつ。体長：20 ～ 24mm。オーストラリア産。
撮影データ：Nikon D800E Nikkor 60mm f2.8 Macro +Extension12mm/1/250,F8 ／ TWINKLE04 F2x2

4-3：*Parisomorphus* Schaufuss, 1890：マルガッシュマルカブト属

赤味がかった黒色からほぼ黒色。前胸背板の前縁には小瘤状隆起と窪みを備え，周縁は縁取られる。翅には環状の点刻で密にやや被われる。前ふ節は雌雄共に細い。オスの前ふ節の爪は肥大し、強く湾曲する。*Toxophyllus* は *Parisomorphus* のシノニムとされる。6 種記録される。体長：19 ～ 25 mm。分布：マダガスカル。

(20) 025 頁 : マルガッシュヒゲナガマルカブトムシ

Parisomorphus bouvieri Fairmaire, 1899

本種はオスの触角の先端三節が超大で強く外側に湾曲する特徴ある種。触角が似た種が他に 2 種あるが、オスの交尾器を比較することで区別が可能である。体長：17 ～ 21mm。収録個体はマダガスカル産
撮影データ：Nikon D800E Nikkor 60mm f2.8 Macro +Extension12mm/1/250,F8 ／ TWINKLE04 F2x2

4-4：*Dipelicus* Hope, 1845：ハマベマルブトムシ属

やや大形の種類を含み、光沢のある茶褐色から黒色。オスの頭部には角もしくは突起を備え、メスでは幅広い板状である。オスの胸には種類に依っては複雑な形状を呈し、1 ～ 5 本の突起を備えるがメスでは普通である。オスの前ふ節は普通。23 種知られる。体長:13 ～ 42 mm。分布:スリランカ、インド～東南アジア、オーストラリア、ニューヘブリデス。

(21) 026 頁 : オプタトスハマベマルカブト

Dipelicus optatus (Sharp, 1875)

本種は小型で胸の突起はあまり発達しない。半砂漠に生息する。体長：12 ～ 25mm。収録個体はオーストラリア産。
撮影データ：Canon 1DsMark3//SIGMA50mmf2.8DG MACRO+C-AF1 1.5X TELEPLUS/1/250,F8 ／ TWINKLE04 F2x2

(22) 027 頁 : ヒメオニハマベマルカブト

Dipelicus centratus Endrödi, 1969

小型ながらオスの胸は複雑な形状のハマベマルカブト。体は赤褐色。体長：18 ～ 21mm。ジャバ島の沿岸部で得られる。収録個体はインドネシア（ジャバ島）産。
撮影データ：Canon 1DsMark3//SIGMA50mmf2.8DG MACRO+C-AF1 2X TELEPLUS+12mmExtensionTube/1/250,F8 ／ TWINKLE04 F2x2

(23) 裏表紙 : オニハマベマルカブト

Dipelicus cantori Hope, 1842

本属中の最大種で、オスの胸の突起は非常に発達した形状をなす。私は甲殻類も大好きで、長期の山間部での採集旅行の後、時間が取れたら沿岸をよく訪れる。そんな沿岸部で夜間採集の灯火に本属の幾つかの種を得たことがある。バリとロンボックでは本種を、スラウェシでは *D. fastigatus*、ボルネオでは *D. deiphobus* をそれぞれ複数採集できた。これらの経緯から本属の種は砂浜や河川敷及び砂漠などの乾燥した場所を好む性質が伺われる。体長：32 ～ 42mm。分布：スマトラ～スラウェシ。収録個体はインドネシア（ジャバ）産。
撮影データ：Canon 1DsMark3//SIGMA50mmf2.8/1/250,F8 ／ TWINKLE04 F2x3

4-5：***Phyllognathus* Eschscholtz, 1830：スナバムナクボマルカブトムシ属**

赤褐色で光沢のある属。オスの前頭部には突起を備え，メスでは小突起をもつ。胸はオスでは大きくそして深く窪み，メスでは普通に隆起する。7 種記録される。体長：13 ～ 30 mm。分布：アフリカ大陸、ヨーロッパ～東洋。

(24) 028 頁 : オリオンスナバムナクボマルカブト

Phyllognathus orion (Olivier, 1789)

幅広の体で、オスは頭の角の先端が三つ葉状。胸は大きく窪みその両側は衝立のようになる。河川敷や沿岸部の砂地を好む習性があると考えられる。体長：16 ～ 20mm。西アフリカのセネガル及びチャドに分布し、収録個体はセネガル産
撮影データ：Canon 1DsMark3/MP-E 65mm ／ 1/250,F8 ／ TWINKLE04 F2x2 ／ TWINKLE04 F2x2

(25) 029 頁 : ブルマイスタースナバムナクボマルカブト

Phyllognathus burmeister Arrow, 1911

前種によく似るが頭や胸がより濃い色合いである。オスの頭の突起先端はより幅狭い。西アフリカのセネガルからカメルーン及びスーダンから記録され、それらの地域の乾燥地や沿岸部に生息するものと考えられる。体長：18 ～ 25mm。収録個体はセネガル産。
撮影データ：Canon 1DsMark3/MP-E 65mm ／ 1/250,F8 ／ TWINKLE04 F2x2 ／ TWINKLE04 F2x2

4-6：*Cryptoryctes* Carne, 1957：ヒメカンムリマルカブトムシ属：15 種

胸には側方から出る角を備え、その先端は尖ったり二叉状であったりする。中央にも 1 本の角を備えその先端が様々な形容となる。*Pseudoryctes*（カンムリマルカブトムシ属）に似るが、後脛節には 2 本の横方向の隆起を備える。*Pseudoryctes* では 1 本のみである。メスが判明している種類は 2 種のみである。このことからこれらのメスはおそらく地中に潜んでいて、飛翔能力を欠くものと想像される。体長：12 ～ 23 mm。14 種がオーストラリアから、1 種はビスマルク諸島のニューアイルランド島から知られる。

(26) 030 頁 : テクトスヒメカンムリマルカブト

Cryptoryctes tectus (Blackbum, 1892)

本種は眼が非常に大きく、主として夜間活動に適しているものと想像される。触角が発達しているのは、おそらく地中などに隠れているメスの匂いを嗅ぎ取るために発達したのではないだろうか。胸には長い毛が密集する。メスは未知である。体長：18 ～ 20 mm 。オーストラリアに産する。
撮影データ：Nikon D800E Nikkor 60mm f2.8 Macro +Extension12mm/1/250,F8 ／ TWINKLE04 F2x2 ／ TWINKLE04 F2x2

(27) 031 頁 : ブリットンヒメカンムリマルカブト

Cryptoryctes brittoni Carne, 1957

前種に似るが体全体は黒色で翅のみ赤褐色である。胸の背面は毛を欠く。前種と同様の形態であることから同じような生態であろう。体長：17 ～ 20 mm。オーストラリアに産する。
撮影データ：Nikon D800E Nikkor 60mm f2.8 Macro +Extension25mm/1/250,F8 ／ TWINKLE04 F2x2

(28) 032 ー 033 頁：プシルスヒメカンムリマルカブト

Cryptoryctes psilus Carne, 1957

本種も基本的には本属の形質から離れない。全体は濃い栗色で光沢が強い。体長：15 〜 18 mm。オーストラリアに産する。
撮影データ：Nikon D800E Nikkor 60mm f2.8 Macro +Extension25mm/1/250,F8 ／ TWINKLE04 F2x2

4-8：*Diloboderus* Reiche, 1859：フトヅノマグソクロマルカブト属

オスの頭には長い角を備え、その基部には黄褐色の毛を備える。メスでは非常に小さい突起をもつ。オスの胸は非常に強く隆起し、前方に強く突出し、先端は二叉状である。メスでは一様に隆起する。オスの翅は光沢を欠き、濃い鼠色の物質で覆われる。メスでは細かい皺状に点刻と溝を備え、鈍い光沢を伴う。オスの前ふ節の末端節は肥大しない。体長：20 〜 25 mm。分布：ブラジル東南部〜アルゼンチン北部。

(30) 035 頁：フトヅノマグソクロマルカブト

Diloboderus abderus (Sturn, 1826)

種の特徴は属の解説に順ずる。幼虫が食糞性であるというが、穀類の根等を食害するという報告もある。また、昆虫写真家の海野和男氏は糞に集まった本種の写真を公表している。収録個体はアルゼンチン産
撮影データ：Canon 1DsMark3//Sigma 15mm FishuEyef2.8+C-AF1 3X TELEPLUS/1/250,F8 ／ TWINKLE04 F2x3

4-7：*Bothynus* Hope, 1837：アメリカハビロクロマルカブトムシ属

胸には小突起と窪みを備える。オスの前ふ節の末端節は弱く肥大するものとこれを欠く種がある。体長：13 〜 37 mm。分布：アメリカ合衆国中部より南米南部。

(29) 034 頁：フタツノアメリカハビロクロマルカブト

Bothynus entellus (Serville, 1825)

本属中の最大種。オスの胸には 2 本の強壮な角を備え、大型固体ではその先端が二叉状になる。体長：21 〜 34mm。ブラジル東南部からアルゼンチン北部にかけて分布する。収録個体は、ブラジル産。撮影データ：Nikon D800E Nikkor 60mm f2.8 Macro /1/250,F8 ／ TWINKLE04 F2x2

4-9：*Pucaya* Ohaus, 1910：ツヤツツクロマルカブトムシ属

黒色か褐色で種類によっては黄色紋を備え、背面の光沢は強い。オスの頭には 2 本の突起を備える。オスの前ふ節の末端節は肥大し、内側の爪は強く湾曲し、その下面には突起を備える。3 種知られパナマ、コロンビア、エクアドルに分布する。体長：20 〜 37 mm。

(31) 036 頁：ツヤツツクロマルカブトムシ

Pucaya castanea Ohaus, 1910

本属中の最大種。体長：20 〜 37mm。収録個体は、パナマ産。分布：パナマ〜エクアドル。
撮影データ：Nikon D800E Nikkor 60mm f2.8 Macro +Extension25mm/1/250,F8 ／ TWINKLE04 F2x2

4-10：*Papuana* Arrow, 1911：パプアクロマルカブトムシ属：25 種

殆どの種類は光沢ある黒色であるが、時に濃赤褐色のものもある。オスの胸は種類により様々な形態をしており、非常に変化に富むが、少なくともやや強く隆起し、そして中央が窪み、その側縁は皺状かまたはこれを欠く。いくつかの種類では、前方に小突起を備え、時にメスのように単純な隆起の種も存在する。翅は普通縦の点刻列を供えるが稀にこれを欠く。体長：16 〜 35 mm。分布：スンダランド、属島を含むニューギニア。

(32) 037 頁：ウッドラークパプアクロマルカブト

Papuana woodlarkiana (Montrouzier, 1855)

本種は広域分布することから産地によって若干の形態差を見せる。オスの頭には比較的長い湾曲した 1 本の角を備え、胸は非常に高く盛り上がり、その先端は前方に向かう角となる。また胸の側方には各 1 個のコブを備える。体長：16 〜 32mm。本種はインドネシア（スマトラ、スラウェシ、ロンボック、ケイ、ブル）、ニューギニア及びオーストラリアに分布する原亜種、アドミラル諸島、ビスマルク諸島の亜種（*P. woodlarkiana tenuistriata* (Aulmann, 1911)）及びソロモン群島に産する亜種（*P. woodlarkiana laevipennis* Arrow, 1911）の三亜種に分類される。収録個体はインドネシア（ブル島）産。45 年前、ハワイのビショップ博物館の野外研究施設があるパプアニューギニアのワウに滞在した折、灯火に沢山集まってきたことがある。
撮影データ：Canon 1DsMark3//SIGMA50mmf2.8DG MACRO/1/250,F8 ／ TWINKLE04 F2x2

5：Oryctini：サイカブトムシ族（26属：240種）

雌雄差の比較的顕著な属が多い。殆どの属において摩擦発音器官（こすって音を出す器官）を備える。小数の属ではオスの前足の末端が肥大する。26属、240種が知られ、世界の温帯から熱帯の全域に分布する

5-1：*Scapanes* Burmeister, 1847：パプアミツノサイカブトムシ属

オスの頭には長い角を備え、メスでは太短くて背面が平らたい突起をもつ。オスの胸には前方に突出する2本の角を備え、メスでは幅広く陥没する。3～4種知られる。体長：40～68 mm。分布：ニューギニア（属島を含む），ビスマルク諸島，ソロモン群島。

5-2：*Oryctes* Illiger, 1798：サイカブトムシ属

大形の種類を含むほぼ楕円形の属である。オスの頭に湾曲した1本の突起を備え、メスでは単純な突起か、時に顕著な角を備える。胸は、オスでは大きく幅広く窪み、種により様々な形状の突起を備え、小形個体ではメスと同様に発達せず、時に雌雄の区別は困難である。44種知られる。体長：23～72 mm。分布：南北アメリカを除く熱帯に広く分布し、一部は温帯から亜寒帯にも棲息する。アフリカで最も繁栄している属である。

(33) 003頁：パプアミツノサイカブト

Scapanes australis (Boisduval, 1832)

ニューギニアを代表するサイカブトで、オスの頭に1本、胸から2本の顕著な角を備える。収録個体はソロモン群島に産する別亜種（*S. australis salomonensis* Sternberg, 1908）に所属する。ニューギニア本島産と比べて翅がしわ状となる。体長：40～68 mm。分布：ニューギニア（属島を含む)、ビスマルク諸島、ソロモン群島。
撮影データ：Canon 1DsMark3//SIGMA50mmf2.8DG MACRO/1/250,F8 ／ TWINKLE04 F2x2

(34) 038頁：オウサマサイカブト

Oryctes gigas Laporte de Castelnau, 1840

本種はアフリカ最重量であるばかりでなく本属中の最大種でもある。雌雄共に頭には角を備えるがメスでは短い。体長：55～75 mm。分布：熱帯アフリカ及びマダガスカルに広く分布する。収録個体はマダガスカル産で亜種 *O. gigas insulicola* Dechambre, 1986 に所属する。
撮影データ：Canon 1DsMark3//SIGMA28mmf1.8DG MACRO/1/250,F8 ／ TWINKLE04 F2x2

(35) 039頁：ヨコミゾサイカブト

Oryctes latecavatus Fairmaire, 1891

サオトメ島特産の本種は全体に縦長の体型で、オスの角は途中でやや強く折れ曲がる。種名の通り胸の側縁には明瞭で縦長の窪みを2～3個備える。体長：55～70 mm。分布：ギニア湾のサオトメ島特産の種類である。
撮影データ：Nikon D800E Nikkor 60mm f2.8 Macro/1/250,F8 ／ TWINKLE04 F2x2

(36) 040頁：オウシュウサイカブト

Oryctes nasicornis (Linnaeus, 1758)

ヨーロッパ最大のコガネムシである。全体が濃い栗色で各地に普通。パリ郊外のフォンテーヌブローで樫類の一種の樹洞内から多数の成虫と幼虫を得たことがある。オランダを訪れた久松定成博士は木靴工場の木クズ捨て場で成虫を採集されている。体長：25～42 mm。非常に広い地域に分布し、ヨーロッパの比較的温暖な地域から中央アジアを経てモンゴルまで棲息し、19の亜種に分類されるが、その分布境界は必ずしも明瞭では無い。収録個体はフランス南西部産で原亜種にあたる。
撮影データ：Nikon D800E Nikkor 60mm f2.8 Macro +Extension12mm/1/250,F8 ／ TWINKLE04 F2x2

5-3：*Dichodontus* Burmeister, 1847：ハビロサイカブトムシ属

濃褐色から黒色。オスの頭には角を備え、メスでは小突起状であるが種 *D. croesus* では雌雄共に角を備える。オスの胸は幅広く陥没し、その後方に角を備え、メスでは普通に隆起する。コブサイカブト属に近似するが一般に本属の方が小型である。体長:21 ～ 46 mm。12 種知られ、ミャンマー、ベトナム、マレー半島、ボルネオ、スマトラ、ジャバに分布する。

(37) 041 頁 : ヘラヅノハビロサイカブト

Dichodontus grandis Ritsema, 1882

本属中の最大種。本種は特に幅広い体型である。体長：35 ～ 45 mm。マレー半島、スマトラ及びボルネオに産する。収録個体はマレーシア（ボルネオ）産。
撮影データ：Nikon D800E Nikkor 60mm f2.8 Macro +Extension25mm/1/250,F8 ／ TWINKLE04 F2x2

(39) 043 頁 : ブロンクスコブサイカブト

Trichogomphus bronchus (Jablonsky in Herbst, 1785)

ボルネオ島の特産種で、オスの胸は非常に強く隆起し、５本の角を備える。フィリピンやインドからの記録もあるがおそらくデータ間違いであろう。ひどいのはブラジルからも新種として記載されている。体長：38 ～ 55 mm。分布：インドネシア（カリマンタン）。
撮影データ：Canon 1DsMark3//SIGMA50mmf2.8DG MACRO+C-AF1 1.5X TELEPLUS/1/250,F8 ／ TWINKLE04 F2x2

5-4：*Trichogomphus* Burmeister, 1847：コブサイカブトムシ属

濃褐色から黒色。オスの頭には角を備え，メスでは小瘤状突起を備えるが稀に角をもち、小形のオスと紛らわしい。オスの胸は普通非常に幅広く平圧され、種により異なった形状の突起物を備え、メスでは普通に隆起する。大陸では形態のみでは区別が困難な種類が多く、もっぱらオスの交尾器が区別点となる。体長:30 ～ 55 mm。17 種知られ、それらはインド～インドシナ～中国南部、スンダランド（マレー半島、スマトラ，ボルネオ，パラワン島)、モルッカ諸島（セラム)、ニューギニア、アドミラリティー諸島、ソロモン群島に分布する。

(38) 042 頁 : マルタバンコブサイカブト

Trichogomphus martabani Guérin-Méneville, 1834

強壮な種類の多い本属の中では最も著名な種である。似た種が幾つもあるので分類にはオスの交尾器を比較しなければならない。体長：40 ～ 55 mm。分布：インド東部からインドシナ半島及び中国。収録個体はタイ産。
撮影データ：Nikon D800E Nikkor 105mm f2.8 Macro +C-AF2X TELEPLUS/1/250,F8 ／ TWINKLE04 F2x2

(40) 044 頁 : ルニコリスコブサイカブト

Trichogomphus lunicolis Burmeister, 1847

本属は幾つかの系統の異なる種をひとまとめとした感がある。体長：35 ～ 55 mm。本種はマレー半島、ボルネオ及びスマトラに産し、それぞれの地域において形態の異なる種群が存在する。収録個体はマレー半島産。
撮影データ：Nikon D800E Nikkor 60mm f2.8 Macro /1/250,F8 ／ TWINKLE04 F2x2

5-5：*Enema* Hope, 1837：ヘリウスサイカブトムシ属

黒色か濃赤褐色。頭には1本の角を備えるが、*E. pan*（Fabricius, 1775）ではメスにも1本のやや短い角をもつ。胸の突起物の形状は *E. pan* に於いては地方変異や個体変異が激しい。上翅は幅広く周縁はやや平ら。2種知られる。体長：32～53 mm。分布：メキシコ～アルゼンチン

(41) 045 頁：ヘリウスサイカブト

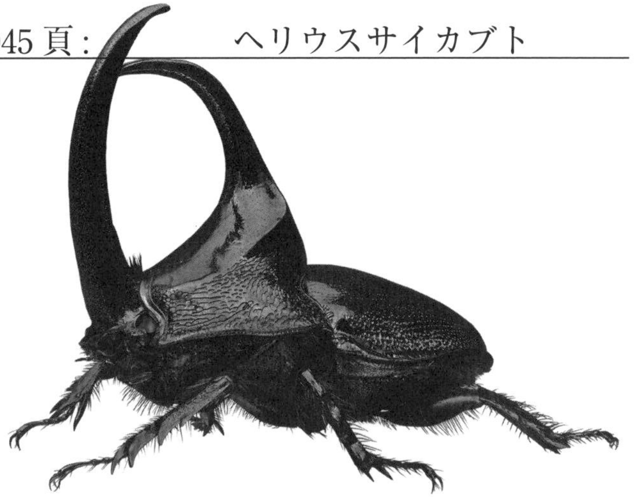

Enema pan (Fabricius, 1775)

平べったい体型のカブトムシで他の属と見誤ることは無い。翅の側縁は手が切れそうな程のエッジ状である。オスの角は産地によって形態を異にし、頭部の角の先端が単純なものの他二叉になるものもある。胸の角も同様である。収録個体はペルー産で本種中最も長大な角を備える系統のものである。低地から山地まで広く分布し、どこでも普通種のようである。体長：32～53 mm。分布：メキシコ～アルゼンチン。収録個体はペルー産。

撮影データ：Canon 1DsMark3//SIGMA50mmf2.8DG MACRO/1/250,F8 ／ TWINKLE04 F2x2

5-6：*Megaceras* Hope, 1837：ツヤサイカブトムシ属

黒色から濃赤褐色で光沢が強い。オスの角は長く、メスでは前頭に1個の小突起を備える。胸はオスでは非常に強く隆起し、先端部は前方に突出し、末端は二叉状である。メスでは前縁近くに2個の互いに近接した丸くて小さい瘤状突起をもつ。外形からは区別の難しい種類も少なくない。19種知られる。体長：27～55 mm。分布：中央アメリカ～南アメリカ及びトリニダッド島。

(42) 046 ー 047 頁：スチューベルツヤサイカブト

Megaceras stubeli Kirsch, 1885

本属の中では最大の種類である。一見東洋の *Trichogomphus* 属のある種に形態がそっくりである。遠く離れた異国の地にありながら、互いに収斂するのは環境と生態が近似しているからであろうか。体長：48～53 mm。分布：アマゾン川流域。収録個体はブラジル産。

撮影データ：Nikon D800E Nikkor 60mm f2.8 Macro /1/250,F8 ／ TWINKLE04 F2x2

5-7：*Heterogomphus* Burmeister, 1847：アメリカヒサシサイカブトムシ属

黒色か濃赤褐色。オスの頭には普通1本の角を備えるが稀に小さな突起状で、メスでは1個か2個の小突起を備える。オスの胸は種によって非常に変化に富み、稀にメスと同様に突起を欠く。上翅の点刻や皺も種によって様々で、種によっては毛で覆われる。本族中最も多数の種類を包括する属。幾つかの種類では一方の性しか知られていない。49種記録される。体長：18～56 mm。分布：メキシコ～アルゼンチン。

(43) 048 頁：ケバネアメリカヒサシカブト

Heterogomphus hirtus Prell, 1912

本属中最も特徴的な種類で、翅の毛の具合は似たものがあるが本種ほど顕著ではない。胸の角も幅広く傘状に前方に張り出し、その下面には毛が密生する。体長：43～50 mm。ベネズエラからボリビアにかけて分布し、収録個体はペルー産。

撮影データ：Canon 1DsMark3//SIGMA15mmf2.8+C-AF1 2X TELEPLUS/1/250,F8 ／
TWINKLE04 F2x3

(44) 049 頁：ヒメケバネアメリカヒサシカブト

Heterogomphus schoenherri Burmeister, 1847

前種に似るが、胸の角は細く、翅の毛も存在するが顕著ではない。体長：38 ～ 55 mm。
分布：パナマ、ベネズエラ、コロンビア及びエクアドル。収録個体はベネズエラ産。
撮影データ：Nikon D800E Nikkor 60mm f2.8 Macro /1/250,F8 ／ TWINKLE04 F2x2

(46) 051 頁：ミツノアメリカヒサシカブト

Heterogomphus mniszechi (Thomson, 1895)

4 本の角を備え、翅は大きな点刻で満たされる特徴的な種類である。体長：32 ～ 49 mm。
分布：メキシコからブラジル（アマゾン川周辺）。収録個体はホンジュラス産。
撮影データ：Canon 1DsMark3//SIGMA50mmf2.8DG MACRO/1/250,F8 ／ TWINKLE04 F2x2

(45) 050 頁：ハビロアメリカヒサシカブト

Heterogomphus ulysses Burmeister, 1847

強壮な体型で、翅には毛が無く全体に光沢が強い。体長：40 ～ 56 mm。南米の全体に広く分布し、各地で多少の変異を見せる。収録個体はパラグアイ産。
撮影データ：Nikon D800E Nikkor 60mm f2.8 Macro /1/250,F8 ／ TWINKLE04 F2x2

5-8：***Xenodorus*** **Breme, 1844：コツノサイカブトムシ属**

体はほぼ筒状である。小型ではあるが、オスの角の形状で他の属と混同することは無い。頭の角は先端が扇状に広がるか二叉状である。近年一種追加されたが、多数の標本を元に比較された結果、個体変異として処理された。体長：17 ～ 24 mm。分布：熱帯アフリカ。

(47) 052 頁：コツノサイカブトムシ

Xenodorus janus (Fabricius, 1801)

種の記述は属の解説に順ずる。収録個体はコンゴ民主共和国北東部（元ザイール）産。
撮影データ：Canon 1DsMark3//SIGMA50mmf2.8DG MACRO+C-AF1 2X TELEPLUS+12mmExtension Tube/1/250,F8 ／ TWINKLE04 F2x2

5-9：***Strategus*** **Hope, 1837：ミツノサイカブトムシ属**

胸に 3 本の角を備える特徴的な属である。小型種では角を殆ど欠く種もある。大多数の種類は光沢が強い。*S. centaurus* は本族中の最大種の一つである。カリブ海の島々には特有の種類がかなり知られる。しかし、この地域の幾つかの種類についてはメスの区別が困難な種類もあり、今後の研究が待たれる。34 種知られる。体長：23 ～ 80 mm。分布：アメリカ合衆国（東部及び中央）～アルゼンチン、カリブ海の島々。

(48) 053 頁：バリドスミツノサイカブト

Strategus validus (Fabricius, 1775)

本属は結構種類が多く、個体変異も少なからずあることから分類にはオスの交尾器を比較することが重要である。体長：34 ～ 50 mm。本種は主としてアマゾン川より南部に分布する。収録個体はボリビア産。
撮影データ：Canon 1DsMark3//SIGMA50mmf2.8DG MACRO/1/250,F8 ／ TWINKLE04 F2x2

(49) 054 ー 055 頁：ツノナガミツノサイカブト

Strategus mandibularis Sternberg, 1910

S. centaurus につぐ大型の本種は 3 本の角がそろって長い。体長：35 ～ 45 mm。分布：ブラジル南東部からアルゼンチン北部にかけて産する。収録個体はパラグアイ産
撮影データ：Nikon D800E Nikkor 60mm f2.8 Macro /1/250,F8 ／ TWINKLE04 F2x3

5-10：*Ceratoryctoderus* Arrow, 1908：ヒラヅノサイカブトムシ属

赤褐色から黒褐色。オスの頭には2本の幅広い角を備え、小形のオスでは2個の小コブ状か突起となりメスとほぼ同様の形態を呈する。胸は幅広く陥没し、その両側は衝立状である。上翅は密に点刻され、点刻の穴には非常に短い毛を備える。4種記録される。体長：38 ～ 56 mm。分布：スラウェシ、サンジール諸島、ペレン島。

(50) 056 頁 : ヒラヅノサイカブト

Ceratoryctoderus candezei (Snellen van Vollenhoven, 1866)

本属はスラウェシ本島に3種分布し、本種は最も普通種で低地から山地まで広く分布する。背面全体に点刻を伴い、光沢はやや鈍い。翅には毛を供えるが短い。スラウェシやアンボ島では砂糖ヤシ（*Metroxylon sagu*）の樹液（サグエル）をもらい受け、森に仕掛けて置くと、採取から1～2日で発酵が始まり、この匂いに様々な生き物が集まる。スラウェシとペレン島では本種の他、ヒメカブトやクワガタ類もグループは限定されるが簡単に採集できる。アンボン島ではテナガコガネもやってきた。アンボンの原住民はこれに集まった虫をマイマイサゲルー（サグエルの虫）呼んでいた。体長：38 ～ 56 mm。分布：スラウェシ及びペレン島。収録個体はスラウェシ産。

撮影データ：Canon 1DsMark3//SIGMA50mmf2.8/1/250,F8 ／ TWINKLE04 F2x3

(51) 057 頁 : ツヤヒラヅノサイカブト

Ceratoryctoderus armatus Dechambre, 2001

前種に似るが光沢がより強く翅の毛は更に短い。体型はやや平たい。胸の角はより強く前方に突出する。体長：35 ～ 54 mm。分布：スラウェシ。収録個体はスラウェシ産。

撮影データ：Canon 1DsMark3//SIGMA50mmf2.8DG MACRO/1/250,F8 ／ TWINKLE04 F2x2

5-11：*Clyster* Arrow, 1908：コサイカブトムシ属

小型でオスの頭には短い角を備え、メスでは2個の小突起をもつ。オスの胸の中央は幅広く平圧され，その前方には種によって異なる形態の突起を備え、メスでは単純に隆起する。オスの前足の先端は膨らむ。7種記録される。体長：19 ～ 30 mm。分布：インド、アンダマン諸島、インドシナ半島を経てマレー半島、スマトラ、ボルネオ、ジャバ及びフィリピン。

(52) 058 頁 : イテュスコサイカブト

Clyster itys (Olivier, 1789)

本種は最も古くから知られる種類。黒色で体は雌雄共に筒状。オスの胸は複雑な形状である。メスでは単純に丸まる。種名はアテナイ王パンディオン（Pandion）の娘、イテュス（Itys）に因む。体長：19 ～ 30 mm。分布：インド、スリランカ、ボルネオ、ジャバ、スラウェシ。収録個体はボルネオ産。

撮影データ：Nikon D800E Nikkor 60mm f2.8 Macro +Extension25mm/1/250,F8 ／ TWINKLE04 F2x2

5-12：*Coelosis* Hope, 1837：セスジサイカブトムシ属

赤褐色もしくは濃褐色。頭の角の先端は単純に尖り、時に角の後縁には突出部を備え、メスでは1小突起状である。ただし、種 *C. biloba* ではこれを欠く。一部の種類では蟻またはシロアリの巣から発見されるが、その関係は明らかでない。7種記録される。体長：18 ～ 41 mm。分布：メキシコ～アルゼンチン北部、トリニダッド島。

(53) 059 頁 : ミツノセスジサイカブト

Coelosis bicornis (Leske, 1779)

本種は小型ながら顕著な角を3本備える。南米南部に産し、比較的普通種である。体長：18 ～ 34 mm。分布：ブラジル東南部、パラグアイ、ボリビアおよびアルゼンチン北部。収録個体はパラグアイ産。

撮影データ：Nikon D800E Nikkor 105mm f2.8 Macro /1/250,F8 ／ TWINKLE04 F2x2

6：Dynastini：カブトムシ族（13 属：80 種）

二次性徴の最も著しい族で、世界最大種を含む。オスの角は長大で、メスは普通突起を欠く。オスの前肢の末端節は *D. neputunus* 及び *D. satanas* に於いてのみ強く肥大する。前尾節板には摩擦発音器官をもつものがいる。後足の第 1 ふ節は雌雄共に筒状で、普通突起を欠くが稀に背面に 1 刺を備える。世界の温帯～熱帯に分布する。

6-1：*Eupatorus* Burmeister, 1847：ゴホンカブトムシ属

本属は *Eupatorus* 亜属と *Alcidosoma* 亜属の 2 つに区別される。前者の体色は黒色で翅は赤褐色、または大部分が黒色で光沢を伴う。3 種知られオスの交尾器は互いに近似する。分布：インド北東部（シッキム）からインドシナ半島及び中国南部。後者の体色は全体黒褐色。角の先端は小形個体では二叉状を呈し、胸の側縁前方の突起は大形のオスでも目立たない。種 *E. endoi* を省き、雌雄共に上翅背面は光沢を欠き、細かいしわ状の点刻で覆われる。分布：ミヤンマー南東部からインドシナ半島及び中国南部（海南島を含む）。

(54) 060 頁 : ゴホンカブト

Eupatorus (Eupatorus) gracilicornis Arrow, 1908

本属中の最大種で角を前倒しにした最大の固体では 9 cm に達する。インド北東部からインドシナ半島及び中国南部に分布する。胸の長い 2 本の角は一般に外側のものより短いが、これが逆転した形質の亜種（*E. gracilicornis kimioi*）がタイの南西部及び隣接したミャンマーに分布する。翅が濃褐色を呈する *E. gracilicornis edai* はそれより北部に産し同様に隣接したミャンマー側にも分布する。タイ及びラオスでの観察では細長い竹の先端近くで下向きに止まっているのをよく見た。彼らは頭の先端の短くて鋭い 2 本の突起を使って竹に傷を付けそこから染み出す樹液を吸っていた。体長：50 ～ 90 mm。収録個体はタイ産。

撮影データ：Canon 1DsMark3//SIGMA50mmf2.8DG MACRO+C-AF1 1.5X TELEPLUS/1/250,F8 ／ TWINKLE04 F2x2

(55) 061 頁 : ビルマゴホンカブト

Eupatorus (Alcidosoma) birmanicus Arrow, 1908

前記の通り亜属が異なり、全体が濃褐色で、胸の特徴的な突起はウサギの耳を思わせる。小型のオスでは頭の突起先端が二叉状になる。体長：40 ～ 50 mm。分布：ミャンマー南東部及び隣接したタイ南西部に産する。収録個体はタイ産。

撮影データ：Canon 1DsMark3//SIGMA50mmf2.8DG MACRO/1/250,F8 ／ TWINKLE04 F2x3

(56) 062 頁 : ハードウィックゴホンカブト

Eupatorus (Eupatorus) hardwickii (Hope in Gray, 1831)

本種は体全体が黒色で、翅が黄褐色のものが普通のタイプであるがしばしば周辺を残して黒色または黒褐色になる。体は本属中最も強壮であるが角は短い。体長:50 ～ 70 mm。分布:北インド(カシミール及びシッキムを含む)からミャンマー北部。収録個体はミャンマー北部産。

撮影データ：Nikon D800E Nikkor 15mm f2.8 Fisheye +Teleplus 2X/1/250,F8 ／ TWINKLE04 F2x2

(57) 063 頁 : シャムゴホンカブト

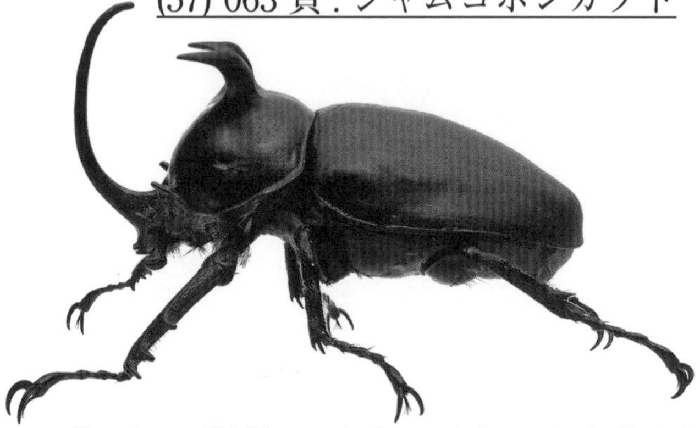

Eupatorus (Alcidosoma) siamensis Laporte de Castelnau, 1867

本種も独特の形態で他種と混同することは無い。ビルマゴホンカブトと同様に小型のオスでは頭の突起先端が二叉状になる。体長：40 ～ 50 mm。分布：タイ東部、カンボジア、ベトナム及び中国南東部（別亜種が産する海南島を含む）。収録個体はタイ産。

撮影データ：Canon 1DsMark3//SIGMA50mmf2.8DG MACRO/1/250,F8 ／ TWINKLE04 F2x2

6-2：*Beckius* Dechambre, 1992：パプアミツノカブトムシ属

体は光沢のある黒色で、上翅背面は赤褐色～黄褐色または濃褐色を呈し、光沢を欠く。オスの胸の角は2本で、大形個体ではその角の上下に比較的細かい突起を備える。オスの交尾器の形態は*Scapanes* 属（サイカブト族）に似ており，族間を飛び越えて近似していることは、通常の外部形態だけの分類に疑問を抱かざるを得ない。1属1種。体長：42～50 mm。分布：ニューギニア。

(58) 064 頁：パプアミツノカブト

Beckius beccarii (Gestro, 1876)

別種で記載されたアルファック山の *B. koletta*（Lamant-Voirin, 1978）は上翅が濃褐色である以外には原亜種との差は少なく亜種程度のものであろう。またアルファック山塊南部では原亜種同様に上翅が赤褐色から黄褐色を呈する固体も出現する。イリアンジャヤのファクファク山塊産は3本の角が細長く、亜種 *B. beccarii ryusuii*。45年前、パプアニューギニアのカインディ山の中腹で、道を歩いていた雄を拾ったことがある。情報としては意味が無い。体長:42～50 mm。分布:ニューギニア。ブーゲンビル島からも記録されるがおそらくラベル間違いであろう。収録個体はインドネシア（イリアンジャヤ）産。

撮影データ：Nikon D800E Nikkor 105mm f2.8 Macro+C-AF2X TELEPLUS/1/250,F8 ／ TWINKLE04 F2x2

6-3：*Xylotrupes* Hope, 1837：ヒメカブトムシ属

頭と胸から突出する角は何れも先端が二叉状である。オスの翅は、種 *X. pubescens* を除き毛を欠き、メスでは殆どの種において短くとも毛を備える。以前は1属2種とされ、各地に産する独特の形態のものは全て亜種関係または変異型とされた。しかし、現在ではその多くが独立種として認められている。20種近い種が記録されるが、過去に記載されシノニム扱いされているものを精査されていない現状ではこれらの全てを認証する訳にはいかない。体長：25～80 mm。分布：アフガニスタン東部～オセアニア。

(59) 065 頁：ヒメカブト

Xylotrupes gideon (Linnaeus, 1767)

本種は、各地に普通で低地から比較的高標高にも産する。本種は、アフガニスタンからヒマラヤ山脈南麓を経て中国中部～東部や台湾南部の蘭嶼島及び、それより南方の島嶼部、そしてスンダランドからニューギニア、オーストラリアを経てソロモン群島、更にニューヘブリデス諸島にまで生息する広域分布種である。それ故、島嶼部では特徴的に特化した個体群が見られる。しかし大陸などでは必ずしも亜種の区別が容易では無い。20種近い種が記録されるが、過去に記載されシノニム扱いされているものを精査されていない現状ではこれらの全てを認証するわけにはいかない。パプアニューギニアではアカシアの一種に集まった本種を一度に500匹以上採集したことがある。体長：25～80 mm。分布:アフガニスタン東部～オセアニア。収録個体はインドネシア（ジャバ島）産で原亜種とされる。

撮影データ：Nikon D800E Nikkor 60mm f2.8 Macro /1/250,F8 ／ TWINKLE04 F2x2

(60) 066 頁：ケブカヒメカブト

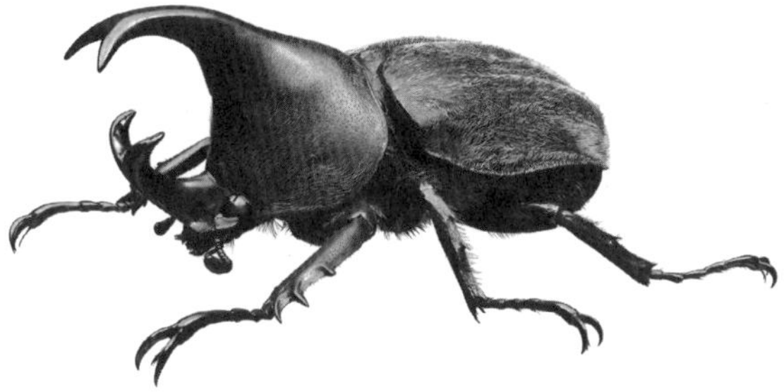

Xylotrupes pubescens Waterhouse, 1841

体全体は、頭や胸の一部を除き細くて長い毛を備える。毛を取り除けばフィリピン（ルソン島）の *X. lumawigi* と差は無い。亜種がインドネシア（北スラウェシのタラウト諸島）にも産する。体長：45~60 mm。分布：フィリピン（ミンダナオ島)、インドネシア（タラウト諸島）。収録個体はミンダナオ島産で原亜種に属する。

撮影データ：Nikon D800E Nikkor 60mm f2.8 Macro /1/250,F8 ／ TWINKLE04 F2x2

6-4：*Allomyrina* Arrow, 1911：サビカブトムシ属

Trypoxylus 属に似るが小形で、体は短い黄褐色の毛で密に覆われる。オスの頭部の突起は二叉状、胸の中央には台形で短い強壮な突起を備える。上翅は比較的大きくそして強く皺状を呈する。体長：27 ～ 40 mm。分布：ミャンマー東南部、マレー半島、スマトラ、ニアス島、シベルト島、シンケップ島、ボルネオ、ラウト島、スラウェシ、ペレン島、フィリッピン（ミンダナオ島）。

(61) 067 頁 : サビカブト

Allomyrina pfeifferi (Redtenbacher, 1867)

本種は当初 *Myrina* 属で記載されたがこの属名はアフリカ産シジミチョウ科に与えられた名称が先行することから現在の属名に改正された。種の解説は属の記述に順ずる。スラウェシ及びミンダナオ産はそれぞれ別亜種に属するが顕著な差は見られない。図示の個体は原記載地と同じボルネオ産。ボルネオのケニンガウでの体験。ムラサキコノハが灌木の周りを飛び回っているので暫く観察していると、細枝の樹液を吸い始めた。網をそっと差し入れようとしたら他に何か止まっているのが見えた。コノハどころではなくなった。そこにはサビカブトが数匹居たのである。木の幹は細く八方に茂り、落ちた果実は2センチ位で非常に硬かった。割ってみるとマカディミアナッツと同じような感じであったので食べてみたら食感も味もそれと殆ど変わらなかった。同じくポリン温泉での体験。ビワハゴロモを求めて藪に入っていくと上空を白っぽい大きなタテハがしきりに巨木の幹に止まろうとしていた。止まったところを良く見るとダンフォルディフタオの巨大なメスであった。慎重に網を被せネットに収めた。同じ網には本種も転がり込んでいた。何れも木の種類が特定できなかったことが残念でならない。

撮影データ：Nikon D800E Nikkor 60mm f2.8 Macro /1/250,F8 ／ TWINKLE04 F2x2

6-5：*Trypoxylus* Minck, 1920：カブトムシ属

頭の角の先端は4叉状（小形個体では二叉）で、メスではやや台形の隆起物を備える。メスの前胸背板中央にはY字状の縦長の溝をそなえる。従来 *Allomyrina* 属とされたが、この属は現在サビカブトムシ属に充てられた。近年まで1属1種であったがミャンマーから1種追加され2種となった。体長：25 ～ 85 mm。分布：インド東部～日本。

(62) 068,069 頁 : カブトムシ

Trypoxylus dichotom (Linnaeus, 1771)

種名を *dichotomus* と長い間表記されてきたが Linnaeus の原記載では表記の通りであった。但し、正確には dichotom. と最後にピリオドが打たれている。種名と属格との整合性に付いては精査していない。ミャンマーの極北プータオの郊外で、エーヤワディー川（旧イラワジ川）に突き出して生えているミカンの樹液に本種が幾つか止まっていたが、網を出す前に本流に落下し、ミャンマー初記録の資料を逃してしまった。関東のある地方ではマメ科の有用植物であるサイカチに集まることから「サイカチムシ」とも呼ばれたようだ。原亜種の産地が中国とされるが、記載に使用された標本を比較して真の産地を特定したいところである。体長：35 ～ 87 mm。分布：インド北東部～インドシナ半島を経て海南島、台湾、日本列島に産する。各地で多少の変化が見られる。収録個体は神奈川県産で亜種 *T. dichotom septentrionalis* Kôno, 1931 とされる。

撮影データ：
068 頁：Canon 1DsMark3//Sigma 15mm FishuEyef2.8+C-AF1 2X TELEPLUS/1/250,F8 ／ TWINKLE04 F2x3
069 頁：Canon 1DsMark3//SIGMA28mmf1.8/1/250,F8 ／ 430EX SPEED LITE 6 燈使用

6-6：*Xyloscaptes* Prell, 1934：シナカブトムシ属

黒色で、オスはやや光沢が鈍く、背面と尾節板は毛を欠く。頭部及び胸の角の先端は幅広くそして深く湾入し二叉状を呈し、頭部の角のほぼ中央に左右に突出する小突起を備える。胸は極細かい微少点刻で覆われる。上翅の幅は長さとほぼ同長。メスは光沢が非常に強い。1属1種。体長：34 ～ 41 mm。分布：中国南東部～ベトナム中部。

(63) 070 頁 : シナカブト

Xyloscaptes davidis (Deyrolle, 1878)

種の解説は属の記述に順ずる。フランスの宣教師で博物学者のジャン・ピエール・アルマン・ダビッド神父は1869年中国を訪れ、多数の生物をヨーロッパにもたらした。プラントハンターでもあったために植物の新発見は膨大であったが、ジャイアントパンダ、シフゾウ、トキ等の他有名な種類も発見した。昆虫類においても本種の他、ダビッドヒメテナガコガネ等々多大の成果を挙げた。本種の日本最初の標本は「虫友社」の冠さんがもたらした中国産であった。その後暫く本種については依然幻のカブトムシであったが、ベトナムの観光旅行解禁に伴い、北ベトナムのタムダオ山にも生息していることが判明し幻ではなくなったが、それほど多い種類ではない。体長：34 ～ 55 mm。分布：中国南東部～北ベトナム。収録個体は北ベトナム産。

撮影データ：Canon 1DsMark3//SIGMA50mmf2.8DG MACRO/1/250,F8 ／ TWINKLE04 F2x2

6-7：*Haploscapanes* Arrow, 1908：ゴウシュウカブトムシ属

表面は金属光沢を備えない。オスの頭部の突起は単純で、メスでは１個の小隆起を備える。オスの胸には２本の角か突起を備え、メスでは普通。Carne（1957）が２属としたように *Haploscapanes* Arrow, 1908 と *Liteupatorus* Prell, 1911 の２属に分割してもよい様に感じる。ただし、種名の問題もあり、詳しい調査が必要である。３種に分類される。体長：26 ～ 56 mm。分布：オーストラリア。

(64) 071 頁 : ゴウシュウカブト

Haploscapanes barbarossa (Fabricius, 1775)

本属中最も得やすい種類であるが、これは現地で許可を得て飼育しているからである。他の２種は非常に得がたい。体のわりに角は短い。体長：26 ～ 56 mm。分布：オーストラリア及びニューカレドニア（人為移入）。

撮影データ：Nikon D800E Nikkor 60mm f2.8 Macro +Extension12mm/1/250,F8 ／ TWINKLE04 F2x2

6-8：*Chalcosoma* Hope, 1837：オオミツノカブトムシ属

オスの体表は黒色で、普通金銅色または緑銅色の光沢を備えるが時に金属光沢を欠く。これが属名の由来すなわちカルコ（金銅）、ソーマ（体）に因む。オスの頭部の突起は長く、先端は単純に尖るが、小形個体ではしばしば三葉状。メスの頭には２個の小突起をもつ。メスの胸は普通に隆起し、非常に強い皺と点刻で覆われる。オスの上翅背面は平滑であるが、メスでは赤褐色の短い剛毛で覆われ。*C. atlas* のメスでは小さなこぶ状の隆起物を備える。また *C. engganensis* では毛を殆ど欠き、より平滑で光沢が強い。４種知られる。体長：35 ～ 135 mm。分布：インド東部～インドシナ半島～マレー半島～スンダランド。

(65) 072 頁 : キロンオオミツノカブト

Chalcosoma chiron (Olivier, 1789)

和名のコーカサスをキロンに変更したのは学名が訂正されたことによる。和名の変更については、異論がある。しかし、たとえば数万人しか知らない「コーカサス」よりもっと認知度が明らかに高い国名に付いては如何だろうか。セイロンはスリランカ、ビルマがミャンマー、ザイールがコンゴ民主協和国、倭国が日本に変わったではないか。更に、芸能人の悠木千帆さんは樹木希林と改名した。それでもなんら問題は起こっていない。本種はインド東部からインドシナを経て、マレー半島、スマトラ（属島を含む）、ジャバに産し、５亜種に分類される。大陸ではあまり多くない。小型のオスはアトラスと混同されやすいが、頭の突起先端は大きく三葉状にはならない。ボルネオからも記録されたことがあるが確かな資料は無い。収録個体はスマトラ産で亜種 *C. chiron janssensi* (Beck, 1937) である。体長：50 ～ 130 mm。分布：インド東部～インドシナ半島、マレー半島、スマトラ及びジャバ。

撮影データ：Nikon D800E Nikkor 60mm f2.8 Macro /1/250,F8 ／ TWINKLE04 F2x2

(66) 073 頁 : モーレンカンプオオミツノカブト

Chalcosoma moellenkampi Kolbe, 1900

ボルネオ島（カリマンタン）及びボルネオ南東部のラウト島からのみ記録される。他の３種に比べ体はスマートである。同地に産するアトラスオオカブトと混同しやすいが、数を見ること以外に方法は無い。メスの翅は指で触るとアトラスの様にゴツゴツせずスムースである。やや高地に産し、低山地ではアトラスと分布が重なる。ロタン（籐）の樹液で採集したことがある他、夜間灯火によく飛来する。体長：63 ～ 110mm。

撮影データ：Nikon D800E Nikkor 60mm f2.8 Macro /1/250,F8 ／ TWINKLE04 F2x2

(67) 074 ー 075 頁：アトラスオオミツノカブト

Chalcosoma atlas (Linnaeus, 1758)

本属中最も広範囲に分布し他の種と同所的に生息する地域も多いが、本種のほうが一般により低地に生息している。ジャバ島からも記録されるが、疑わしい。各地で幾つかの亜種に分類される。比較的普通種で、灯火にもよく飛来する。収録個体はフィリピンのミンダナオ産で本種中最大となる。亜種名は *C. atlas hesperus* (Erichson, 1834)。体長：50 ～ 120 mm。分布：インド東部～インドシナ半島、ジャバを省くスンダランド。
撮影データ：Nikon D800E Nikkor 60mm f2.8 Macro /1/250,F8 ／ TWINKLE04 F2x2

6-9：*Dynastes* Kirby, 1825：オオカブトムシ属

南北アメリカを代表するカブトムシである。体色は全体が黒色又は黒褐色で、上翅が淡色の色彩を呈する種類では時に胸も淡色となる。オスの頭部の突起は前方に長く突出し、胸の角は一般により長く、その下面には毛を備え、先端は二叉状（小形個体では単純）を呈する。胸の角の中央か基部または基部近くには 2 本の短い突起をもつ（*D. satanus* ではこれを欠く）。体長：35 ～ 180 mm。アメリカ合衆国～ボリビア及びブラジル南東部、カリブ海の小アンチル諸島に分布する。

(68) 076~077,078 頁：ヘラクレスオオカブト

Dynastes hercules lichyi Lachaume, 1985

最も有名なカブトムシで、解説はほぼ不要にも思う。幼虫は小アンチル諸島の低山地の雨林に極く普通に産するクリソバラヌス科の *Licania ternatensis*、トウダイグサ科の *Amanoa caribaea* 及び *Inga ingoides*（マメ科）の朽木で育つことがわかっている。但し幼虫の餌となるのは植物よりも腐食菌による影響の方が遥かに重要である。本種は各地で独特の形態を備えた集団が認められるが、小型個体では特徴が乏しくなる。それゆえ亜種を認めない研究者も存在する。体長：60 ～ 180 mm。分布：メキシコ南部～ボリビア及びブラジル南東部、カリブ海の小アンチル諸島に分布する。
収録個体は、76 頁：エクアドル産、78 頁：コロンビア産。撮影データ：076 頁：Canon 1DsMark3//SIGMA50mmf2.8DG MACRO/1/250,F8 ／ TWINKLE04 F2x2
078 頁：Canon 1DsMark3//Sigma 15mm FishuEyef2.8+C-AF1 2X TELEPLUS/1/250,F8 ／ TWINKLE04 F2x2

(69) 079 頁 : ネプチューンオオカブト

Dynastes neputunus (Quensel in Schönherr, 1805)

本種の記載に用いられた標本は頭と体（翅と腹部）がヘラクレスで胸のパーツのみがネプチューンであった。どちらにウエイトが掛かるかといえば当然ヘラクレスであるが、実際には記載が認められた格好になり、現在まで継承されてきた。サタンオオカブトと同様にオスのふ節の先端が特徴的に肥大し、メスの背面も深い点刻で満たされる。大型個体の頭の角は胸の角よりも長くこの点では世界一の頭の角をもった昆虫といえる。体長：50 ～ 150 mm（飼育下では 160 mm を越えるという）。分布：ベネズエラ、エクアドル、コロンビア及びペルー北部。収録個体はエクアドル産。
撮影データ：撮影データ：Nikon D800E Nikkor 60mm f2.8 Macro /1/250,F8 ／ TWINKLE04F2x2

(70) 080 頁 : サタンオオカブト

Dynastes satanas Moser, 1909

アンデス山系では最も南に分布する *Dynastes* 属である。資料として採取される個体は 110 mm 程度が最大らしいが、Moser が記載に使用した固体は 115 mm で過去最大のオスであった。本種は 2010 年 3 月 25 日以降ワシントン条約付属書 II 類にリストアップされ、原産地国の許可書の無いものは輸入できなくなっている。小型個体はネプチューンと殆ど変わらないが、メスは頭部背面のコブが目立たない。ボリビア北西部のラパス県その北に位置するユンガス地方の標高 900 ～ 2000 m 辺りに生息するという。またペルー南部から得られたとの私信もある。体長：55 ～ 115 mm。分布：ボリビア北西部、ペルー南東部。収録個体はボリビア産。
撮影データ：Canon 1DsMark3//SIGMA28mmf1.8DG MACRO/1/250,F8 ／　TWINKLE04 F2x2

(71) 082 頁 : グラントシロカブト

Dynastes grantii (Horn, 1870)

真っ白なカブトムシは日本人にとっては驚異的な色彩である。本種の種名が南北戦争北軍の将軍で後に 18 代大統領となり、来日経験のある Ulysses S. Grant に献名されたように思われがちであるが、実際は原記載にある通り、アリゾナ州南東部の Fort Grant（グラント要塞）に因む。なお現在ここは刑務所になっている。Horn の記載した種名が人名に与えられたような名称であったことが誤解のもとになったようだ。本種の成虫は 6 月から 10 月に出現し、トネリコの仲間（ash tree、複数の種類が含まれる）の形成層をかじったり、樹液に来集する。体長：35 ～ 80 mm。分布：アメリカ合衆国（ユタ州、アリゾナ州、ニューメキシコ州）、メキシコ北西部（Chihuahua, Sonora）。収録個体はアリゾナ州産。
撮影データ：Canon 1DsMark3//SIGMA50mmf2.8DG MACRO/1/250,F8 ／ TWINKLE04 F2x2

(72) 083 頁 : チチウスシロカブト

Dyanstes tityus (Linnaeus, 1767)

前種の代置種的な種類である。背面の色彩は茶色味を帯びる黄色から前種同様の乳白色のものまである。小型個体は前種に似るが、胸の小さい 2 本の突起は本種の方が明らかに中央の角より離れた位置から突出する。グラントシロカブト同様トネリコの仲間（ash tree、複数の種類が含まれる）の形成層をかじったり。樹液に来集する。体長：35 ～ 65 mm。分布：主としてアメリカ合州国東部。収録個体はフロリダ産。
撮影データ：Nikon D800E Nikkor 60mm f2.8 Macro /1/250,F8 ／ TWINKLE04 F2x2

(73) 084 頁：マヤシロカブト

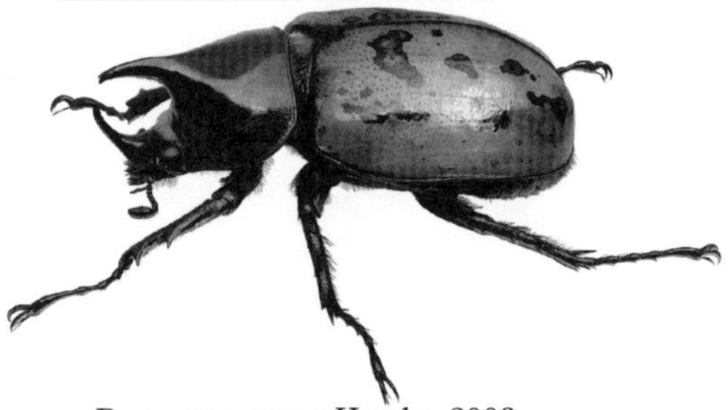

Dyanstes maya Hardy, 2003

本種を含むシロカブト類は北から *D. tityus*、*D. grantii*、*D. hyllus*、*D. hyllus moroni*、*D. maya* と、ほぼ北から南へと代置種的に分布している。そして何れも分布は重ならない。但し、*D. hyllus* と *D. maya* は一部地域で分布が重なるとする意見もあるが、あるいは標高や出現時期などが異なる可能性もある。これら近似の種類の小型個体間では外形的には区別が困難である。棲息域は低地から 2,000 m の高地までと幅広く、普通 500 m ～ 1,500 m あたりに多いらしい。自然環境下での来集樹種は不明であるが、夜間灯火に良く飛来する。本種はシロカブト類では最も南まで分布し、メキシコ南部からグアテマラを経てホンジュラスまで記録される。体長：62 ～ 83 mm。収録個体はホンジュラス産。
撮影データ：Canon 1DsMark3/MP-E 65mm ／ 1/250,F8 ／ TWINKLE04 F2x2

(74) 085 頁：ヒルスシロカブト

Dynastes hyllus Chevrolat, 1843

本種の背面の色彩は鼠色がかった白色から茶色がかった黄色で、場所によっては安定した地域もある。また、分布域が広いことで、多少の地域変異をみせる。体長：38 ～ 83 mm。分布：メキシコ（北部および中央の高原地帯を除く）。前記の通りグアテマラやホンジュラス産とされる標本ももたらされている。産地の明細が明らかな資料を収集して検討しなければならない。収録個体はホンジュラス産。
撮影データ：Canon 1DsMark3//SIGMA50mmf2.8DG MACRO/1/250,F8 ／ TWINKLE04 F2x2

6-10：*Augosoma* Burmeister, 1847：アフリカオオカブトムシ属

オスの頭部の突起は強壮で、胸部の角の先端は二叉状を呈し、また大形個体では角の基部には 2 本の短い突起を備える。近年ガボンからやや小型で、オスの角の発達が弱い種（*A. hippocrates*）が発見され、本属は 2 種となった。

(75) 081 頁：アフリカオオカブトムシ

Augosoma centaurus (Fabricius, 1775)

種の解説は属の記述に順ずる。ある害虫の研究者によるアイボリーコーストでの観察に因ると、本種の成虫がココナツの成長部を食害し、重要な作物害虫であるとする報告がなされている。彼等の調査記録には、5 日間のライトトラップで 2,486 匹（オス 740, メス 1,746）の成虫がココナツプランテーション内で捕獲されたという。体長：33 ～ 80 mm。分布：熱帯アフリカ（グレートリフトバレー以東を除く）、南アフリカ（ナタール州）。収録個体はカメルーン産。撮影データ：Canon 1DsMark3//SIGMA50mmf2.8DG MACRO/1/250,F8 ／ TWINKLE04 F2x2

6-11：*Megasoma* Kirby, 1825：ゾウカブトムシ属

中形もしくは非常に大形で体色は黒または濃褐色。背面は全体を短い毛で覆われるか無毛である。オスの頭部には先端が二叉の長い角を備え、メスでは単純か 2 個のこぶを備える。胸には小形種では突起物を欠き、大形種では前方角に比較的長い角を、又中央には小突起を備える。16 ～ 17 種に分類されるが，研究者の基準により意見は様々である。体長：25 ～ 140 mm。分布：合衆国南部～アルゼンチン北部。

(76) 005 頁：ゾウカブト

Megasoma elephas (Fabricius, 1775)

本種は中米最重量のカブトムシで、メキシコ南部からコロンビア及びベネズエラから記録される。地域によっては亜種的形態を示す。記録に因ると、カリフォルニア半島から本種のメスが一頭記録されており、M. *occidentale*（原記載では *occidentalis* であったが属格との整合性から *occidentale* と訂正された）や *M. nogueirai* とも異なる新たな種が存在するのかも知れない。体長：58 ～ 130 mm。収録個体はメキシコ産。
撮影データ：Canon 1DsMark3//Sigma 15mm FishuEyef2.8+C-AF1 3X TELEPLUS/1/250,F8 ／ TWINKLE04 F2x2

(77) 086 頁 : テルシテスヒメゾウカブト

Megasoma thersites LeConte, 1861

小型のゾウカブトはアメリカ合衆国南部からメキシコ（北部及びカリフォルニア半島）に７種分布し残りの一種はパラグアイ及びアルゼンチン北部に分布する。本属の分布両極に小型化した種類が生息するには何か訳があるかもしれない。本種は雌雄共に体全体に淡褐色の長い毛で覆われる。成虫は *Cercidium microphyllum* というトゲのある灌木の幹に傷を付けて樹液を吸う。カリフォルニア半島のほぼ全域に分布する。体長:27 〜 45 mm。収録個体はメキシコ（カリフォルニア半島）産。
撮影データ：Canon 1DsMark3//SIGMA50mmf2.8DG MACRO/1/250,F8 ／ TWINKLE04 F2x2

(78) 087 頁 : パチェコヒメゾウカブト

Megasoma pachecoi Cartwright, 1963

小型種の中では最大の種類で風貌も大型のゾウカブトのようにオスの二次性徴が著しい。ほぼ黒色で、背面の毛を欠く。成虫は日中でも活動するらしく、*Parkinsonia* 類の（トゲのある灌木）樹液に集まる。体長：29 〜 60 mm。分布：メキシコ北西部が主な生息地であるが、Nayarit 州からも記録される。収録個体はメキシコ (ソノーラ州) 産。
撮影データ：Nikon D800E Nikkor 60mm f2.8 Macro /1/250,F8 ／ TWINKLE04 F2x2

(79) 088 頁 : マルスゾウカブト

Megasoma mars (Reiche, 1852)

おそらく最も体が大きくなるゾウカブトであろう。同じ位の体長のアクタエオンに比べても本種は幅がある分大きい。背面は光沢が強く他種と混同することはない。メスの翅は平滑で殆どしわ状にならない。体長：70 〜 140 mm。分布：ガイアナ、コロンビア、エクアドル、ブラジル、ペルー。収録個体はペルー産
撮影データ：Nikon D800E Nikkor 15mm f2.8 Fisheye +Teleplus 2X/1/250,F8 ／
TWINKLE04 F2x2

(80) 089 頁 : アクタエオンゾウカブト

Megasoma actaeon (Linnaeus, 1758)

マルスゾウカブトと殆ど同じくらいに成長するが、本種は、一般にやや幅狭い。背面は殆ど艶消し状である。形態がそっくりな種の *M. janus* は光沢が強い。体の長さだけをいえばゾウカブト中最も長い。体長:50 〜 135 mm。分布:パナマ、ガイアナ、フランス領ギアナ、ベネズエラ、コロンビア、エクアドル。ペルー、ブラジル北西部。収録個体はブラジル産。
撮影データ：Nikon D800E Nikkor 60mm f2.8 Macro +Extension12mm/1/250,F8 ／
TWINKLE04 F2x2

6-12：*Golofa* Hope, 1837：テナガカブトムシ属

頭は比較的細長い。大型種のオスの頭には細長い角を１本備え、時に長大で、その後方は鋸歯状を呈し、頭部の基部にはメスと同様の小さなこぶ状の隆起を備える。オスの胸の中央には異常に細長い角か、先端が丸まった棒状を呈し、その前縁には赤褐色の毛を備える。しかし小型種ではこれらの特徴は目立たない。メスの翅は大きくて深い点刻で覆われる種類が多いが、殆ど点刻を備えない種類もある。3 亜属に分類する研究者もあるが、単に大きさや二次性徴の発達の程度で区別するには説得力に欠ける。30 数種知られる。体長：20 ～ 65 mm。分布：メキシコ～南アメリカ南部、カリブ海。

(81) 090 頁 : ノコギリテナガカブト

Golofa porteri Hope, 1837

本属中の最大種で、異常に発達した角の形状やオスの前肢の長さは他に類を見ない。色彩も明るい黄褐色で異彩をはなっている。東洋のゴホンカブトの様に、アンデスの高地に於いてカーニャと呼ばれる竹もしくは竹に似た禾本科植物の茎を傷つけその汁を吸う。体長：40 ～ 65 mm。分布：コロンビア、ベネズエラ。収録個体はベネズエラ産。
撮影データ：Canon 1DsMark3//SIGMA28mmf1.8/1/250,F8 ／ 430EX SPEED LITE 6 燈使用

(82) 091 頁 : ヒシガタタテヅノカブト

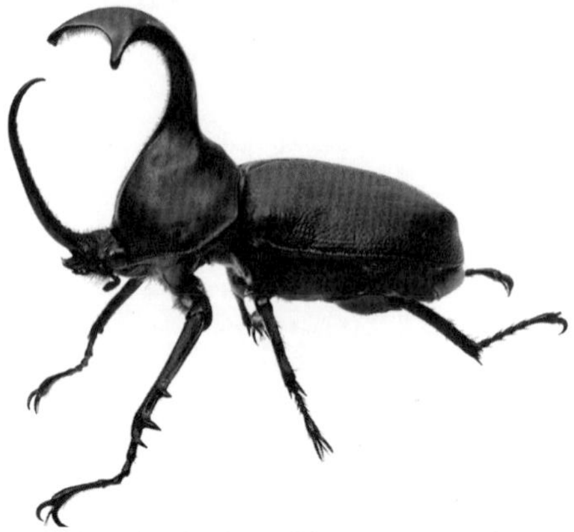

Golofa claviger (Linnaeus, 1771)

胸の角の先端が 90 度に湾曲し、その形状がほぼひし形となる本属の種類は幾つも知られるが、本種が最も著しい発達を遂げている。体長：35 ～ 50 mm。原亜種はパナマ、コロンビア、ベネズエラ、フランス領ギアナ、エクアドル、ペルー及びアマゾン河上流部に産し、亜種 *G. claviger guildingi* は小アンチル諸島のセントヴィンセント島に分布する。収録個体はペルー産。
撮影データ：Canon 1DsMark3//SIGMA50mmf2.8DG MACRO/1/250,F8 ／ TWINKLE04 F2x3

(83) 092 頁 : ツヤタテヅノカブト

Golofa cochlearis Ohaus, 1910

アルゼンチン特産の種類で背面は光沢が強い。胸の角は先端の尖った紡錘形である。
体長：30 ～ 35 mm。分布：アルゼンチン北部。
撮影データ：Canon 1DsMark3/MP-E 65mm ／ 1/250,F8 ／ TWINKLE04 F2x2

(84) 093 頁 : シシメカタテヅノカブト

Golofa xiximeca Morón, 1995

G. pizarro に似るが本種は体節が完全に黄褐色で腹部の背面の末端節の基部に毛が無い。また胸の突起先端はより丸みを帯びる。現在メキシコの Sinaloa 州及び Nayarit 州からのみ記録される。樹種不明の竹に似た植物に集まるという。体長：32 ～ 41 m。
撮影データ：Canon 1DsMark3//SIGMA50mmf2.8DG MACRO+C-AF1 1.5X
TELEPLUS/1/250,F8 ／ TWINKLE04 F2x2

7：Hexodontini：ヒラタカブトムシ族（1属：10種）

非常に幅広い体型で、円盤状を呈し周縁は偏平である。後翅は退化している。摩擦発音器官を欠く。肢は細長く、雄の前肢の第5ふ節はやや肥大し、種によっては内側の爪が基部近くで強く湾曲する。ニューカレドニア特産の *Hemycirtus* 属（パプアカブトムシ族）をこの族に所属させる研究者もある。しかし、後翅の退化した此の属の一部の種類には確かに本族に似通っている形態の種も存在するが、全体に多様な形態を示し、むしろマルカブト族（Pentodontini）の1種に共通する特徴を備えた種類も少なくなく、今後は形態面以外からの考察が望まれるところである。1属10種が知られマダガスカル島にのみ産する。

7-1：*Hexodon* Olivier, 1798：ヒラタカブトムシ（ヘクソドン）属

属名の hexo（hexa）はギリシャ語で「6」を意味し、odon は同じく「歯または歯状」を意味する。本属の種の翅は退化して飛翔することができず、もっぱら地上を徘徊する。*H. montandonii* は特徴的な斑紋で他の種と混同することはない。*H. unicolor* はオスの交尾器で他の種類との区別は容易である。*H. quadriplagiatum* と *H. minutum* の2種、*H. unicostatum* と *H. kochi* の2種、そして *H. latissimus*、*H. patella*、*H. griseosericans* 及び *H. reticuratum* の4種のオスの交尾器は互いに近似しており、同定には注意がいる。マダガスカルのほぼ全島に分布する種 *H. unicostatum*（北部産のデータはラベル間違いとする意見もある）以外は全て中部から南部の沿岸部に分布が集中し、種に依っては分布域が極端に狭い。*H. quadriplagiatum* は西南部の高原の Isalo 国立公園内に限って分布する。*H. griseosericans* は東南部の Fort-Dauphin 近郊のみから知られる。*H. kochi* は最南端の2ケ所から記録され、極く僅かの標本が知られるのみである。体長：15～23 mm。分布：マダガスカル。

(85) 094 頁 : モンタンドンヒラタカブト

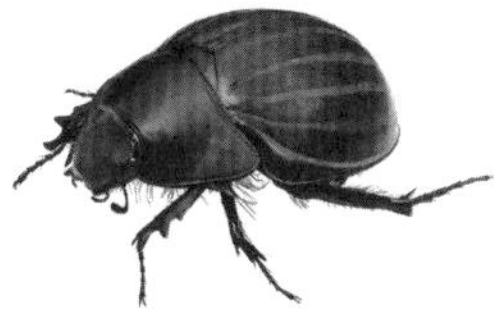

Hexodon montandonii Buquet, 1840

前記の通り本属中最も個性的な斑紋で、他の種と混同することは無い。背面は全体黒色でやや光沢を伴い、翅には白い縦筋をもつが、老熟した個体では白紋が擂れて無くなり、赤褐色の筋が現れる。マダガスカルの南西部に分布する。体長：20～29 mm。
撮影データ：Canon 1DsMark3//SIGMA50mmf2.8DG MACRO/1/250,F8 ／ TWINKLE04 F2x2

(86) 095 頁 : アヤモンヒラタカブト

Hexodon reticulatum Oliver, 1789

やや大型の種類で、翅の紋は図示の形態のものと、全体が黒色で細い白色の筋を装うものの2型が知られる。後者を亜種とする考えもある。珍品の *H. griseosericans* に交尾器も近似するので同定には注意がいる。体長：20～27 mm。
撮影データ：Canon 1DsMark3//SIGMA50mmf2.8DG MACRO/1/250,F8 ／ TWINKLE04 F2x2

(87) 096 頁 : ヒメヒラタカブト

Hexodon minutum Sternberg, 1910

本種は小型で、産地により背面の色彩は様々である。生息地の土などが背面の微小な穴等に付着して異なった色彩となったものもある。体長：15～21 mm。
撮影データ：Nikon D800E Nikkor 60mm f2.8 Macro /1/250,F8 ／ TWINKLE04 F2x3

(88) 097 頁 : ヒラタカブト

Hexodon unicolor Oliver, 1789

3亜種に分類され、亜種 *H. unicolor gigas* は本属中最大となり体長30mmに達する。原亜種はマダガスカルに広く分布し、各地で最も普通種である。それゆえ産地により多少の変異集団が認められる。体長：18～25 mm。
撮影データ：Canon 1DsMark3//SIGMA50mmf2.8DG MACRO/1/250,F8 ／ TWINKLE04 F2x2

8：Phileurini：コカブトムシ族(37 属：245 種)

雌雄差は属や種により様々で、一般に背面が平たい属が多い。下唇基節（頭の下側の部分）は非常に幅広く、その全体を覆う。前尾節板には摩擦発音器官をもつものと、もたないものが知られる。ふ節は普通強壮である。一部は白蟻等と共生関係にあると考えられる。37 属、245 種以上が世界の温帯～熱帯に産する。

8-1：*Archophanes* Kolbe, 1905：オニコカブトムシ属

光沢ある黒色で、全体に幅広く強壮な体形である。雌雄ほぼ同形で、突起物はメスの方がより顕著である。コカブトムシらしからぬ体型の種である。1 属 1 種で熱帯アフリカに分布する。体長：36 ～ 44 mm。

(89) 098 頁 : オニコカブト

Archophanes cretericollis (Fairmaire, 1894)

種の解説は属の記述に順ずる。収録個体はカメルーン産。27 ～ 59 mm。
撮影データ：Canon 1DsMark3//SIGMA50mmf2.8DG MACRO/1/250,F8 ／ TWINKLE04 F2x2

8-2：*Trioplus* Burmeister, 1847：サスマタコカブトムシ属

体は筒状で光沢を伴う黒色。頭の先端は丸まり、雌雄共に 2 本の角を備える。胸もほぼ雌雄同等で、前方は急傾斜状を呈し、背面には水平の短い衝立て状突起と、4 個の小突起を備え、縦長の幅広くて深い溝をもつ。上翅の条溝は点刻で満たされる。体長：14 ～ 20 mm。分布：ブラジル東南部～アルゼンチン北部。

(90)99 頁 : サスマタコカブト

Trioplus cylindricus (Mannerheim, 1829)

種の解説は属の記述に順ずる。収録個体はブラジル産
撮影データ：Nikon D800E Nikkor 60mm f2.8 Macro /1/250,F8 ／ TWINKLE04 F2x3

8-3：*Phileurus* Latreille, 1807：オオコカブトムシ属

黒色か濃褐色で、胸と翅は常に平たい。頭の先端は鋭く尖り、背面には 2 個の小突起を備え、稀に 2 本の角をもつ。前胸には縦長の溝を備え、前方に小突起をもつものとこれを欠く種類とがある。翅にはやや深い縦溝を備える。26 種以上知られる。体長：20 ～ 58 mm。分布：アメリカ合衆国中南部から南アメリカ南部、カリブ海。

(91) 100 頁 : ツルンカートスオオコカブト

Phileurus truncatus (Plisot de Beauvois, 1807)

本属中最も北に分布する種のひとつ。頭の両側から突出する 2 本の突起を備える。本属には似た種が多いので、オスの交尾器が重要な手がかりとなる。体長：27 ～ 40 mm。分布：アメリカ合衆国南部からパナマ。収録個体はメキシコ産。
撮影データ：Canon 1DsMark3//SIGMA50mmf2.8DG MACRO+C-AF1 1.5X TELEPLUS/1/250,F8 ／ TWINKLE04 F2x2

(92) 101 頁 : オオサマオオコカブト

Phileurus didymus (Linnaeus, 1758)

本属中の最大種で、最大 60mm 近くにも達する。メキシコからパラグアイまで分布し、小アンチル諸島の Guaderoupe 及び Dominique にも産する。本種はテングシロアリ亜科の一種（*Nasutitermes morio*）の巣中から発見された記録がある。体長：27 ～ 59 mm。収録個体はフランス領ギアナ産。
撮影データ：Nikon D800E Nikkor 60mm f2.8 Macro /1/250,F8 ／ TWINKLE04 F2x2

8-4：*Eophileurus* Arrow, 1908：コカブトムシ属

色彩は黒色か稀に濃褐色。頭の先端は尖り、前縁は弱く上反し、オスの前頭には１本の角か、もしくはメスと同様に１小突起を備える。日本の西南部での観察では、クヌギの樹液が染み込んだ樹洞や土の中に潜んでいるものがよく発見されるほか、灯火にも飛来する。成虫は時に肉食性であるという記録がある。44種知られるが更に増えるであろう。体長：17 ～ 26mm。
分布：スリランカ～日本、東南アジア、ニコバル、アンダマン諸島、ニューギニア、オーストラリア、クリスマス島。

8-5：*Cryptodus* MacLeay, 1819：アリノスコカブトムシ属

黒色か濃褐色、または赤褐色を呈し、体表面はしばしば生息地の土等で覆われる。体形は全体に細長くやや扁平であるが、筒状の種類も存在する。頭は普通非常に幅広くそして丸味を帯び、前方には２個の小隆起又は突起を備えるが、ニューカレドニアの種 *C. olivieri* ではこれを欠く。触角の柄節はアリノスハナムグリの或種の様に平たく、しばしば他の触角節の全体を覆い隠す。口器や触角等の形態からシロアリやアリとの関係を臭わせ、実際にシロアリの塚より採集された種類もある。23種知られる。体長：11 ～ 27 mm。分布：ニューギニア、オーストラリア（タスマニア、ロード・ハウ島を含む)、ニューカレドニア。

(93) 102 頁：コカブト

Eophileurus chinensis (Feldermann, 1835)

本種は中国、台湾、朝鮮半島、日本全土に分布し、各地で亜種あるいは亜種的変異をみせる。成虫は時に肉食性であるという記録がある。それ程多い種類ではない。体長：18 ～ 26 mm。収録個体は奈良県産。
撮影データ：Canon 1DsMark3//SIGMA50mmf2.8DG MACRO+C-AF1 1.5X TELEPLUS/1/250,F8 ／ TWINKLE04 F2x2

(94) 103 頁 ,104 頁：クボミアリノスコカブト

Cryptodus caviceps Westwood, 1856

頭に窪みを備えた種であるが似た種も多く、未だ本属の全てが把握されている状況ではない。メスが不明な種類も多く、今後の整理に期待したい。体長：16 ～ 20 mm。分布：オーストラリアのほぼ全土に分布する。
撮影データ：
103 頁：Nikon D800E Nikkor 60mm f2.8 Macro /1/250,F8 ／ TWINKLE04 F2x2
104 頁：Nikon D800E Nikkor 60mm f2.8 Macro +C-AF2X TELEPLUS/1/250,F8 ／ TWINKLE04 F2x2

参考文献

1：Arrow, G.J. 1910. The Fauna of British India (Including Ceylon and Burma), Lamellicornia I. Taylor & Francis. London: 1-322.
2：Burmeister, H.C.C. 1847. Handbuch der Entomologie. Coleoptera Lamellicornia, Xylophila et Pectinicornia. Enslin. Berlin 5: 1-584.
3：Carne, P. B. 1957. A Systematic revision of the Australian Dynastinae : (Coleoptera: Scarabaeidae). CSIRO, Melbourne: 1-284.
4：Dechambre, R-P 1986. Insectes Coléoptères Dynastidae. Faune de Madagascar 65. France: 1-215.
5：Dechambre, R-P. 2005. Dynastidae australiens et Océaniens. Les Coléoptères du Monde 30. Sciences Nat. Venette, France: 1-132.
6：Dechambre, R-P & Lachaume G. 2001. Le genre *Oryctes*. Les Coléoptères du Monde 27. Sciences Nat. Venette, France: 1-72.
7：Endrödi, S. 1985. The Dynastinae of the World. Dr.W.Junk. Dordrecht 28: 1-800.
8：Ferreira, M.C. 1965. Contribuicao para o estudo dos dinastineos africanos. Revista de Entomologica de Mocambique 8: 2-348.
9：Krajcik, M. 2005. Dynastinae of the world. Checklist (Coleoptera : Scarabaeidae : Dynastinae). Annima. X Supplement 2: 1- 122.
10：Lachaume, G. 1985. Dynastini 1: *Dynastes - Megasoma - Golofa*. Les Coleopteres du Monde 5. Sciences Nat. Venette, France: 1-85.
11：Lachaume, G. 1992. Dynastidae Américains. Cyclocephalini-Agaocephalini-Pentodontini-Oryctini-Phileurini. Les Coléoptères du Monde 14. Sciences Nat. Venette, France: 1-89.
12：Ratcliffe, B. C. 2003. The dynastine scarab beetles of Costa Rica and Panama. Bulletin of the University of Nebraska State Museum 16: 1- 506.
13：Ratcliffe, B. C. and R. D. Cave. 2006. The dynastine scarab beetles of Honduras, Nicaragua, and El Salvador. Bulletin of the University of Nebraska State Museum 21: 1- 424.
14：Ratcliffe, B. C., R. D. Cave, and E. Cano. 2013. The dynastine scarab beetles of Mexico, Guatemala, and Belize. Bulletin of the University of Nebraska State Museum 27: 1- 666.

解説

小檜山賢二

1：カブトムシの世界

カブトムシは、クワガタと並んで子供たちの人気ものである。まえがきにも書いたが、数少ない日本のカブトムシの中に、大型の「カブトムシ(*Trypoxylus dichotomus*)」がいたことは、幸運であった。彼らは、子供たちと自然とを結ぶ大きな役割を果たしている。Beetleという言葉は、本来甲虫全体を表すものなのだが、日本では、カブトムシと訳されることが多い（フォルクスワーゲンのビートル）。カブトムシの存在が日本人に浸透している証拠なのだろう。

本書で扱うカブトムシの仲間は、カブトムシ亜科(Dynastinae)に属する。そのため、和名では、何々カブトという名称になる。ところが、皆さんが知っているあのカブトムシの名称は、「カブトムシ」だけで、「なになに」がない。それは日本本土に棲息するカブトムシが２種で、もう１種のコカブトが小型で地味なため、圧倒的な存在感を示す大型のカブトムシしか頭にないためなのだろう。このことは例えば、クワガタムシの仲間にクワガタムシという名の種がいるようなもので、結構混乱の原因になる。本書の表題は「カブトムシ」なので、日本にいるあのカブトムシの本と誤解されても仕方がないのだ。

そんなカブトムシなのだが、本書をご覧いただくとわかるように、世界には、ダーウィンをも魅了した大型で魅力にあふれるカブトムシがいる一方で、カブトムシの象徴である「角（ツノ）」のない種もいる。また、一般に認識されているカブトムシとはかけ離れた大きさ・形態の種も存在する。それらは、よく見ると大型の種とは異なる魅力にあふれている。そんな、カブトムシの世界を紹介しよう。

1）角の位置・形態

カブトムシといえば、「角」の存在である。この角が、カブトムシの魅力の源泉であることは間違いない。学名のDynastinaeの語源と思われるdynastesは君主／支配者という意味のラテン語である。大型で立派な角のある威風堂々とした姿からの命名なのだろう。ここでは、カブトムシの角について考察する。

●角のある場所

角はどこにあるのか、結論を言えば、頭と胸にある（カブトムシの体の構造は、141頁参照）。多くは、頭部と胸部の双方に存在するが、頭部あるいは胸部だけにある種もいる。そして、角が全く存在しないカブトムシもいる。

表１：角の本数と位置

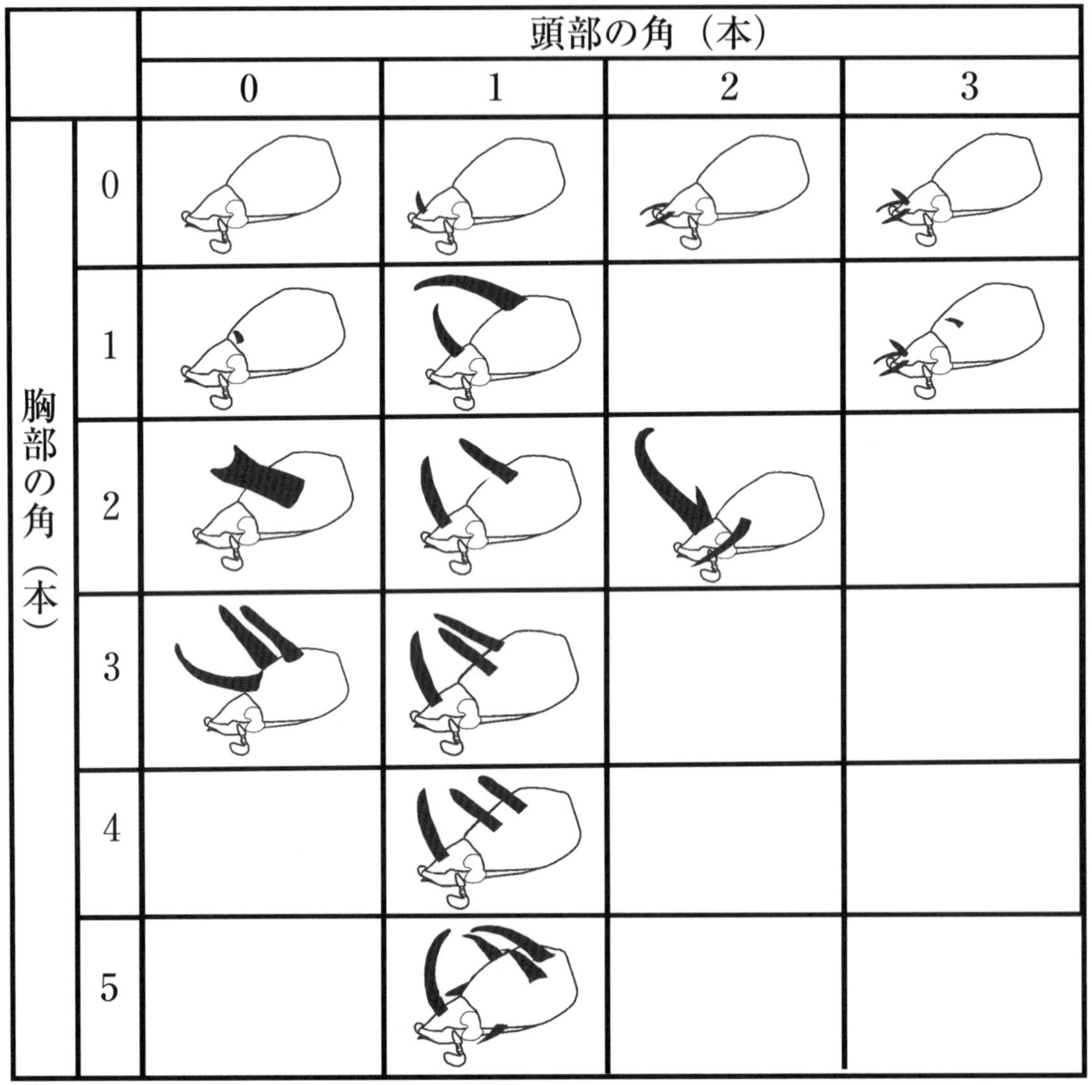
頭部の角（本）
0
1
2
3
胸部の角（本）
0
1
2
3
4
5

先ず、本書に収録したカブトムシの角の本数とその位置について調べてみた（表１）。始めに断っておくが、この検討はカブトムシ全体の傾向を示すものではない。というのは、

１：カブトムシの角は地域や生育状況により、結構大きな変異がある。

２：収録した種は、角の多いあるいは大きな角をもつなど、筆者が自分の嗜好で選んだものであり、カブトムシの一般的な傾向とはとてもいえない。

というわけで、この前提を念頭に置いて読んでいただくことが必要である。

先ず、頭部では、１～３本までの角がある。頭部が１本の場合、胸部の本数にバリエーションが多そうである。一方胸部では、頭部に角が無く、胸部だけに角が存在するという例は少なく、頭部と胸部の双方に角のある種が多そうである。

そこで、本種に収録した94種の角数分布を表１に従って数えてみた（表２）。先ず、無角の種数を考える。スジコガナモドキ族、パプアカブト族、ヘクソドン族には、角がない。その他の族にも角の無い種が存在するが、筆者の嗜好で選んでいる種であることに加え、後述するように、「角の定義」の問題が生ずる。つまり胸も形は様々で、くぼみがある種・凸凹がある種など角と呼んでよいか迷う形態が多数あるのだ。これは、表２の全体にいえることである。幾つか例を挙げてみよう。

図１・１：複雑な胸部。楕円系突起は角か？（４）

図１・２：角というより冠か？（４）

図１・３：胸部角３本か？角は１本で３分岐か？（１）

図１・４：後方の小さな出っ張りは角といえるか？（１）

など、どんな形ならば角として良いのかが、わからないのだ。()内は、表２で採用した角数である。ということで、ここでの角には角状突起も含めることとした。

表２での全体的な傾向は、頭部の角数が１で、胸部の角数が変化する傾向があることがわかる。カブトムシの頭部は小さいので、多くの角を構築するのが難しいこともあるのだろう。ただ、一本の巨大な角をもつ種では、次に述べるように、先端が分岐したり、角の中間に突起があったりする種もいる。

胸部の角数は、様々である。そしてその形態も様々である。この多様性がカブトムシの魅力の源泉となっている。大型のサイカブト族・カブトムシ族では、我々が描くカブトムシ像を更に拡げてくれる種が多い。また、小型種の多いマルカブト族は、同じ族に属するとは思えない多様な形態にあふれ、大型カブトムシとは異なる魅力で我々のカブトムシに対する概念を覆してくれる。

次ぎに特徴的な角を有する種を紹介しよう。先ず胸部に大きな２本の角を有するフタツノアメリカハビロクロマルカブト（34頁）である。この種の角のサイズにも個体差が大きいようで、更に大きな角の個体や小さな個体を見たことがある。オーストラリアの小型のカブトムシは、他のカブトムシとは明らかに異なる形態で、魅力がある。そして大型種では、ダーウィンをも魅了したコーカサス(キロンオオミツノカブト)の仲間と世界で最も大きなカブトムシであるヘラクレスの仲間が双璧であろう。胸部の角の数では、明確で４本の胸角をもつゴホンカブト（60頁）が有名である。タテヅノカブトの仲間は、その名の通り、縦に伸びる長い角が魅力である。

●角の形態

・頭部の角

先ず､頭部の角の形態を考察する。この形態を分岐数(先端･中間)で分類してみた。その結果､頭部に角をもつ種(69種）の中で、頭部先端が枝分かれしている種が12種存在した。そしてそのほとんどの種が二叉形状である中で、

表２：本書に収録した種の角数分布

		頭部の角（本）			
		0	1	2	3
胸部の角（本）	0	17	3	4	2
	1	1	26	0	1
	2	1	12	2	0
	3	7	10	0	0
	4	0	7	0	0
	5	0	1	0	0

図１：角数の確定が難しいカブトムシ

（１）５８頁参照　（２）２７頁参照　（３）９１頁参照　（４）２４頁参照

２種特異な形状の種が存在した。その一つは、３分岐しているトゲエボシヒナカブト（*Lycomedes buckleyi*：20～21頁）である（図２）。そして、残る１種がわれらがカブトムシ（*Allomyrina dichotoma*：68～69頁）である。あまりに身近に存在するために、ちょっと気がつかないのだけれど、カブトムシの頭部にある角の先端は、４つに枝分かれ（図３）している。見事で美しい角である。そんなカブトムシが身近に棲息する幸せを改めて感じた。

次に、頭部の角の中間でのトゲのような突起部分の存在の有無を見てみよう。15種にそのような構造が存在した。いずれも大型種である。その中で、複数の突起構造をもつ種は、シナカブト、ヘラクレスオオカブト、ノコギリテナガカブトであった。それぞれについてみてみよう。シナカブト（*Xyloscaptes davidis*：70頁）は、角の中程に十字架のように角に直交した突起部分を有する。一方、ヘラクレスオオカブト（*Dynastes hercules lichyi*：76～78頁）は長い角の先端近くと中間の位置に突起部分がある。ノコギリテナガカブト（*Golofa porteri*：90頁）には、その名の通り10以上の突起部分が角の体側に並んでいる。本書には収録していないが、*Golofa*属にはこのような形態の種が幾つも存在する。

・胸部の角

胸部に複数の角を有する種は多い。ここで考察する先端部の構造と中間部での突起部の有無については、代表的な角を対象として調査した。先端部が分岐している種は20種で、２種を除き二叉である。その２種とは、図１で紹介したデペリプスチビサイカブトとヒシガタタテヅノカブトである。

中間に存在する突起についてはどうだろう。意外なことに、突起をもつ角をもつ種は、ヘラクレスオオカブト１種（図４）であった。

・髭

角の形態に次いで述べなくてはならない事項の一つが、髭である。作品を見ていただいてわかるように、カブトムシは意外なほど豊富な体毛をもつ種が多い。そのなかで、際だった特徴を有するのが、胸部の角の下に体毛のある種がいることである。

先ずヘラクレスの仲間（Dynastes属）は皆髭があるようである。特に大型の種では見事な髭が立派な角の下に生えている（図４）。この髭の役割はよくわからないものの、ヘラクレスでは、頭部と胸部の角に挟んで敵を投げ飛ばすそうなので、滑り止めの役割は果たしそうである。その他、*Golofa*属の多くに髭がある。さらに、サイカブト族の一部（Heterogomphus族）にも髭のある種が存在する。

・奇妙な角

奇妙な角の筆頭は、既に紹介したデペリプスチビサイカブト（図1-2）であろう。その他にも読者各人のもつカブトムシ観と異なるものも多いと思う。最後に、ちょっと気づきにくいおもしろい角を紹介しよう。それは、サビカブト（図５：67頁）である。頭部にある立派な角の基部を見てほしい。どういうわけかここに穴が空いているのである。昆虫の構造には生存に必要とする理由があると聞いている。ところが、この穴はどんな役割があるのか私はさっぱりわからないのである。

ここでは、本書に収録した種を題材にして、角の位置や数について考察した。最後に収録全種のリストと角の関係を表３に示した。

２）角の役割

自然界では、オスの方がメスよりも派手な色や形態で

図２：トゲエボシヒナカブト（20～21頁）

図３：カブトムシ（68～69頁）

図４：ヘラクレスオオカブトムシ（76～78頁）

図５：サビカブト（67頁）

着飾っている例が多いのは、メスの気をひいて子孫を残す確率を上げるためだといわれている（異性間淘汰）。その延長で考えるとオスにしか角の無いカブトムシの角はメスに関心を持ってもらうためではないかと考えたくなる。実はダーウィンも、後述する説が主だとしても、異性間淘汰の要素もあるのではと考えたようだ[1][2]。皆さんご存じのように、この説はカブトムシに於いては劣勢で、今では、メスを獲得するためのオス同士の闘争時の武器というのが定説（同性間淘汰）となっている。

最近、カブトムシのオス同士の闘争を詳細に記録した本郷儀人氏の研究内容が出版された[3]。後述するようにカブトムシの研究資料は少なく、特に我々にも興味深いフィールド研究内容は、実におもしろい。というわけで、詳しくは本郷さんの著書を読んでほしいのだが、概要を紹介しよう。

表3：本書に収録した全種の角の形態

頁	和名	族名	角			
			場所	数	数：頭部	数：胸部
P08	ユミアシコガネカブト	スジコガネモドキ族	無	0	0	0
P09	ブルガリスエボシコガネカブト	スジコガネモドキ族	無	0	0	0
P10	アヤモンコガネカブト	スジコガネモドキ族	無	0	0	0
P11	アカムネコガネカブト	スジコガネモドキ族	無	0	0	0
P13	キバネナガコガネカブト	スジコガネモドキ族	無	0	0	0
P12	ハスモンコガネカブト	スジコガネモドキ族	無	0	0	0
P13	マルモンコガネカブト	スジコガネモドキ族	無	0	0	0
p12	ムツボシコガネカブト	スジコガネモドキ族	無	0	0	0
P14	セスジタカネパプアカブト	パプアカブト族	無	0	0	0
P15	パプアカブト	パプアカブト族	無	0	0	0
P16	ミドリカラカネヒナカブト	ヒナカブト族	頭	2	2	0
P17	ヨツボシツノヒナカブト	ヒナカブト族	頭	3	3	0
P18	ミツノヒナカブト	ヒナカブト族	頭／胸	3	1	2
P19	アカムネヒナカブト	ヒナカブト族	無	0	0	0
P20-21	トゲエボシヒナカブト	ヒナカブト族	頭／胸	2	1	1
P22	ベーツビロードヒナカブト	ヒナカブト族	頭／胸	2	1	1
P23	ハビロコツノヒナカブト	ヒナカブト族	頭／胸	2	1	1
P06	クリイロカンムリマルカブト	クロマルカブト族	胸	3	0	3
P24	ゴウシュウムナクボマルカブト	クロマルカブト族	胸	1	0	1
P25	マルガッシュヒゲナガマルカブト	クロマルカブト族	無	0	0	0
P26	オブタタスチビサイカブト	クロマルカブト族	頭／胸	2	1	1
P27	ヒメオニハマベマルカブト	クロマルカブト族	頭／胸	2	1	1
P28	オリオンスナバムナクボマルカブト	クロマルカブト族	頭／胸	3	1	2
P29	ブルマイスタースナバムナクボマルカブト	クロマルカブト族	頭／胸	3	1	2
P30	テクトスヒメカンムリマルカブト	クロマルカブト族	胸	3	0	3
P31	ブリットンヒメカンムリマルカブト	クロマルカブト族	胸	3	0	3
P32-33	プシルスヒメカンムリマルカブト	クロマルカブト族	胸	3	0	3
P34	フタツノアメリカハビロクロマルカブト	クロマルカブト族	胸	2	0	2
P35	フトヅノマグソクロマルカブト	クロマルカブト族	頭／胸	3	1	2
P36	ツヤツツクロマルカブトムシ	クロマルカブト族	頭	2	2	0
P37	ウッドラークパプアクロマルカブト	クロマルカブト族	頭／胸	4	1	3
表紙	オニハマベマルカブトムシ	クロマルカブト族	頭／胸	5	1	4
P03	パプアミツノカブトムシ	サイカブト族	頭／胸	3	1	2
P38	オウサマサイカブト	サイカブト族	頭	1	1	0
P39	ヨコミゾサイカブト	サイカブト族	頭	1	1	0
P40	オウシュウサイカブト	サイカブト族	頭／胸	2	1	1
P41	ヘラヅノハビロサイカブト	サイカブト族	頭／胸	5	1	4
P42	マルタバンコブサイカブト	サイカブト族	頭／胸	2	1	1
P43	ブロンコスコブサイカブト	サイカブト族	頭／胸	6	1	5
P44	ルニコリスコブサイカブト	サイカブト族	頭／胸	3	1	2
P45	ヘリウスサイカブトムシ	サイカブト族	頭／胸	2	1	1
P46-47	オオツヤヒサシカブト	サイカブト族	頭／胸	3	1	2
P48	ケバネアメリカヒサシサイカブト	サイカブト族	頭／胸	2	1	1
P49	ヒメケバネアメリカヒサシカブト	サイカブト族	頭／胸	2	1	1
P50	ハビロアメリカヒサシカブト	サイカブト族	頭／胸	2	1	1
P51	ヨツノアメリカヒサシサイカブト	サイカブト族	頭／胸	4	1	3
P52	コツノサイカブト	サイカブト族	頭／胸	3	1	2
P53	パリドスミツノサイカブト	サイカブト族	頭／胸	3	0	3
P54-55	ツノナガミツノサイカブト	サイカブト族	頭／胸	3	0	3
P56	ヒラヅノサイカブト	サイカブト族	頭／胸	3	1	2
P57	ツヤヒラヅノサイカブト	サイカブト族	頭／胸	3	1	2
P58	イテュスコサイカブト	サイカブト族	頭／胸	5	1	4
P59	ミツノセスジサイカブト	サイカブト族	頭／胸	3	1	2
裏表紙	オオゴカクサイカブト	サイカブト族	無	0	0	0
P05	ゾウカブト	真性カブトムシ族	頭	2	2	0
P60	ゴホンカブトムシ	真性カブトムシ族	頭／胸	5	1	4
P61	ビルマゴホンカブト	真性カブトムシ族	頭／胸	3	1	2
P62	ハードウィッキーゴホンカブト	真性カブトムシ族	頭／胸	3	1	2
P63	シャムゴホンカブト	真性カブトムシ族	頭／胸	5	1	4
P64	パプアミツノカブト	真性カブトムシ族	頭／胸	3	1	2
P65	ヒメカブト	真性カブトムシ族	頭／胸	2	1	1
P66	ケブカヒメカブト	真性カブトムシ族	頭／胸	2	1	1
P67	サビカブト	真性カブトムシ族	頭／胸	2	1	1
P68	カブトムシ	真性カブトムシ族	頭／胸	2	1	1
P69	カブトムシ	真性カブトムシ族	頭／胸	2	1	1
P70	シナカブト	真性カブトムシ族	頭／胸	2	1	1
P71	ゴウシュウカブト	真性カブトムシ族	頭	1	1	0
P72	キロンオオミツノカブト	真性カブトムシ族	頭／胸	4	1	3
P73	モーレンカンプオオミツノカブト	真性カブトムシ族	頭／胸	4	1	3
P74-75	アトラスオオミツノカブト	真性カブトムシ族	頭／胸	4	1	3
P76-77	ヘラクレスオオカブト	真性カブトムシ族	頭／胸	2	1	1
P78	ヘラクレスオオカブト	真性カブトムシ族	頭／胸	2	1	1
P79	ネプチューンオオカブト	真性カブトムシ族	頭／胸	4	1	3
P80	サタンオオカブト	真性カブトムシ族	頭／胸	2	1	1
P81	ケンタウルスオオカブト	真性カブトムシ族	頭／胸	4	1	3
P82	グランティシロカブト	真性カブトムシ族	頭／胸	4	1	3
P83	チチウスシロカブト	真性カブトムシ族	頭／胸	4	1	3
P84	マヤシロカブト	真性カブトムシ族	頭／胸	2	1	1
P85	ヒルスシロカブト	真性カブトムシ族	頭／胸	4	1	3
P86	テルシテスヒメゾウカブト	真性カブトムシ族	頭／胸	2	1	1
P87	パチョコヒメゾウカブト	真性カブトムシ族	頭／胸	2	1	1
P88	マルスゾウカブト	真性カブトムシ族	頭／胸	4	2	2
P89	アクタエオンゾウカブト	真性カブトムシ族	頭／胸	4	2	2
P90	ノコギリテナガカブト	真性カブトムシ族	頭／胸	2	1	1
P91	ヒシガタタテヅノカブト	真性カブトムシ族	頭／胸	2	1	1
P92	ツヤタテヅノカブト	真性カブトムシ族	頭／胸	1	1	0
P93	シシメカタテヅノカブト	真性カブトムシ族	頭／胸	2	1	1
P94	モンタンドンヒラタカブト	ヘクソドン族	無	0	0	0
P95	アヤモンヒラタカブト	ヘクソドン族	無	0	0	0
P96	ヒメヒラタカブト	ヘクソドン族	無	0	0	0
P97	ヒラタカブト	ヘクソドン族	無	0	0	0
P098	オニコカブト	コカブト族	頭／胸	3	1	2
P099	サスマタコカブト	コカブト族	頭	2	2	0
P100	ツルンカートスオオコカブト	コカブト族	頭	1	1	0
P102	コカブトムシ	コカブト族	頭	1	1	0
P101	オオサマオオコカブト	コカブト族	頭／胸	3	2	1
P103	クボミアリノスコカブト	コカブト族	無	0	0	0
P104	クボミアリノスコカブト	コカブト族	無	0	0	0

カブトムシの闘争は、全て下記の4段階で進む（図6）。

ステージ1：両者が出会い互いを認識すると向かい合った状態になる

ステージ2：互いに頭を下げ角と重ね合わせ軽く突き合う。

ステージ3：角を互いの体の下に差し込んで投げ飛ばそうとする「取っ組み合い」になる。

ステージ4：2パターンに分かれる

A）しばらく押し合った後、一方が勝負を投げ出し逃げる。

B）相手の腹の下に差し込んだ角を使い、投げ飛ばす。

おもしろいのは、それぞれの段階での決着の割合である。意外なことに、過半数を超える割合（124例中72）でステージ2で決着してしまうという[4]。われわれは、ステージ4のBのケースばかりに注目しているが、、そこまで行くケースは思ったより少ない（124例中24）のだそうだ。

この文献では、その理由も考察している。その闘争のパターンは、カブトムシのサイズによるという。つま

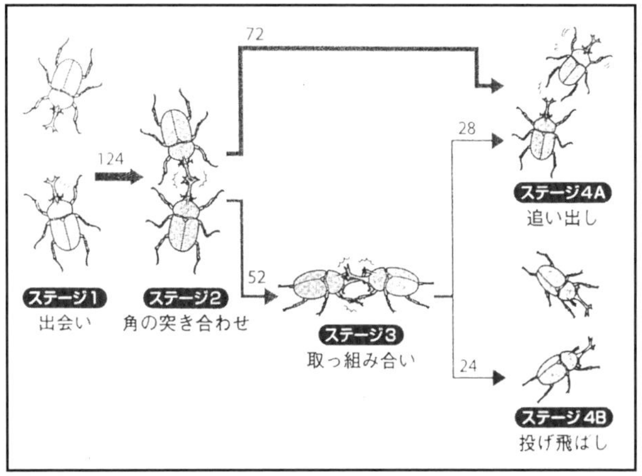

図6：カブトムシの闘争行動の様式図[4]

り大型個体と小型個体が出くわした場合、小型個体はステージ2で退散する確率が高いというわけだ。

では大型と小型はどう区別するのか。本郷さんはこれに対しても答えを用意している。われわれは、体が大きくなれば角も大きくなると単純に感じている。しかし、事実はそう簡単ではないようなのである。多くの個体に関して体長と角の長さの関係をグラフにすると、体の大きさと角の長さの関係が変化するところがある（図7）という。その角の長さは、25.13mm。これより角の長い個体を大型、短い個体を小型とすることにしたとある。

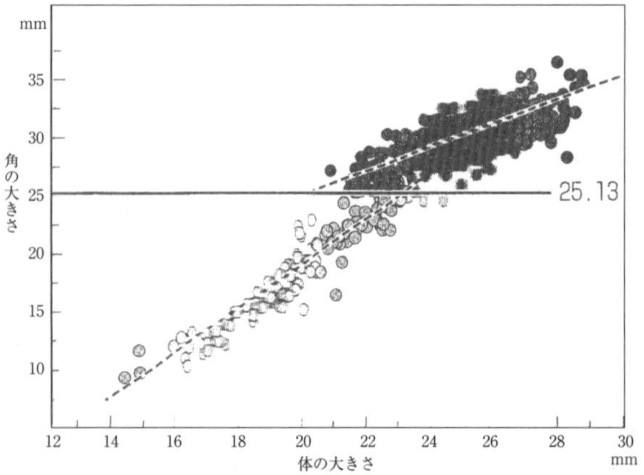

図7：カブトムシの大型と小型の境界線の様式図 [5]

表4：大型・小型の組み合わせにみるケンカの傾向 [6]

	角の突き合わせ後	観察数
大型 VS 大型 62例	どちらかが逃走	22
	取っ組み合い	40
大型 VS 小型 49例	どちらかが逃走	41
	取っ組み合い	8
小型 VS 小型 13例	どちらかが逃走	9
	取っ組み合い	4

これらの現象は、無駄な争いを回避する自然の知恵なのだと解釈されている。その意味では、体の大きさは、闘争自体だけでなく、闘争以前に勝利を得ることに貢献していることになる [6]。

3）日本のカブトムシのポジション

カブトムシのポジションとは、妙な言い方だが、この解説を書き始めて私の感じた日本におけるカブトムシの位置づけをしてみようということだ。

先ず、カブトムシの各地での名称を調べてみた。予想通り、北海道を除く各地に方言が存在した（表5）。昔からカブトムシが身近な存在であったことの表れであろう。北海道にないのは、後に述べるように津軽海峡を越えて侵入した（人為的侵入らしい）のが近年（1980年代）になってからなのであろう。沖縄にないのは、カブトムシの棲息地が沖縄本島北部と久米島に限られており、しかも、なかなかの珍品なのだそうだ。本土のカブトムシのような身近な存在ではなかったのだろう。おもしろいのは、クワガタをカブトと呼んでいる地方が数多くある（北海道・栃木・群馬・神奈川・新潟・長野・山梨・静岡・岐阜・岡山・広島・山口）ことで、両者の区別をしていない地域もあるという。その中でも前述のごとくカブトムシが棲息していなかった北海道で、カブトムシという言葉が存在していた。確かに、見方によってはクワガタの方が兜に似ているかもしれない。

表5：カブトムシ（雄）の方言 [7]

シャガジムシ	秋田県南部地方
オニガラ	秋田県大曲市など
イッポンツノ	岩手県一関市
ゴイゴイ	岩手県宮古市
オニムシ	山形・宮城・栃木・茨城・埼玉・
	千葉・新潟・長野・岡山・島根
マゴタロームシ	宮城県登米郡
ベゴムシ	宮城県角田市
サイカチ	宮城・埼玉・千葉・東京・
	愛知（江戸時代）・兵庫
ヤリコムシ	宮城県石巻市
テングムシ	栃木・群馬・神奈川・山梨
マンジューカブト	群馬県碓氷郡
マグソカブト	群馬・長野・静岡
コヤシムシ	群馬県邑楽郡
セッチンカブト	群馬県高崎市
トサ	群馬県高崎市
ベンケイ	群馬・長野
ガンノー	埼玉県秩父郡
ウシ	埼玉・静岡
ツノムシ	東京都三宅島・広島・鹿児島
クソムシ	新潟県佐渡郡
テントームシ	新潟県中頸城郡
ライデン	長野県飯田市
ノケス	長野県長野市
クルマヒキ	長野県上高井郡
マグソカジバラ	山梨県東山梨郡
ゲンゴロー	山梨県甲府市
ジューカブト	愛知県新庄市
ゲンジ	岐阜・三重・兵庫・大阪
ヘイケ	三重・奈良・兵庫
ヤリカッツギ	三重県一志郡
ダンマ	三重県一志郡
アカカブ	和歌山県西牟婁郡
オタケ	奈良
サケノミ	山口県阿武郡
ウシブイブイ	香川県綾歌郡
コッテ	福岡県田川郡
シカ	長崎県北松浦郡
クワガタ	熊本県上益城郡
ホーガン	熊本県球磨郡
ツノトンボ	熊本県玉名郡
イシカタメ	熊本県玉名郡
ウシノクソ	宮崎県西臼杵郡
ベブクソカンメ	鹿児島県曽於郡
ツノカンメ	鹿児島県奄美半島

さて、このように日本の広い地域に棲息しているカブトムシなので、数多くの文献・研究論文が存在することを予想していた。しかし、調べてみると少し深くカブトムシのことを考察している書籍はきわめて少ないことがわかってきた。それは何故か。

その理由を考える資料として、日本のカブトムシを紹介する。既に述べたように6種（図8[8]）しかいない。しかも4種は琉球列島のみに棲息する。残りの2種のうちのコカブトは小型で目立たない存在である。そして大型のカブトムシは、沖縄を含む日本全土に棲息、数も多い（北海道には近年生息が確認、琉球列島のカブトムシは亜種）。この状況が日本のカブトムシの存在を特殊なものにしているのではないか。以前「虫屋（虫好き）」の分類 [9] について書いたことがある。

虫屋はいくつかに分類される。蝶の好きな人は「蝶屋」、トンボの好きな人を「トンボ屋」、甲虫の好きな人を「甲虫屋」と呼ぶ。しかし、甲虫屋という呼び名は、一般的ではない。甲虫屋の中でも興味の対象によりオサ屋、カミキリ屋、クワガタ屋などに分類され、それぞれ独自の集団をつくっている。

なぜ、蝶屋は一種類で、甲虫屋は複数の種類がいるのだろうか。理由は定かではないのだが、個人が扱える種数に関連があるのではないかと考えている。甲虫は昆虫の中でも最も成功を収めたグループである。日本の蝶は二百数十種なのに対し、甲虫は記載されているだけで約九千種いる。つまり、甲虫はやたらに種類が多い。種類が多すぎると個人では扱いきれなくなる。「日本全種を採集する」とか、「生態を理解する」とかの目標を設定するには、個人にとっては数百種というのがよいところのようなのだ。このために、種類数の少ない蝶屋やトンボ屋は分科せず、甲虫屋は分科したのではないかというのが、私の推測である。面白いことに、この目標設定の基準となる種類数には下限もありそうだ。少なくとも数十種はいないと、コレクションという感じがしないし、人に自慢もできそうもないではないか。つまり、虫屋という生物の分科の原因は生物学的要素というよりは、個人が扱える種類数という人間側の事情が主要因らしいのだ。それがどうしたといわれそうだが、そんな時には「それが文化だ」という答えを用意している。[9]

この論をカブトムシに当てはめれば、カブトムシの専門家が少ないのはすぐわかる。あまりにも種数が少なく、あまりにも数が多く、あまりにも大型で誰でも発見可能なのである。これでは、集めても自慢できそうもないし、沖縄をのぞいて地域変異もなさそうである。また、研究者にとってもこれだけ大きいと新種発見は難しそうだし、論文も作りにくそうである。そんなわけで子供向けの本には頻繁に登場するカブトムシだが、それでなくとも多くはない大人向けの虫の本にカブトムシが登場することは少ないのだ。

もう一つ研究が進まない要素がある。それはカブトムシが人畜無害であることだ。昆虫の多くは、作物や木材の害虫、蜂など人間危害を加える害虫、そして蚊など病原菌を運ぶ害虫がおり、その駆除のための研究がなされる。カブトムシは、次項で述べるように幼虫時代は腐った木材などを食し、成虫は樹液などをなめる。幼虫も成虫も人畜無害なのである（タイワンカブトはヤシの大害虫）。これでは、害虫駆除を目的にした研究も進まない。

そんなわけで、きっとおもしろい視点を見つけてくれるだろうと期待した北杜夫さんの「どくとるマンボウ昆虫記」にも登場しない（ファーブル昆虫記に登場しないのは、ヨーロッパにはカブトムシが少ないためで仕方がない）。そして養老さん、・池田さん・奥本さんという、虫好き三羽がらすの書物にもほとんどカブトムシは登場しない。カブトムシは子供の友達ではあるが、少し虫に詳しい大人の関心の対象にはならないようである。そして、そんな状況でもカブトムシに興味のある人は、外国の種に手を出すことになる。虫屋は、一定のレベルに達すると地域変異などの研究にいくか、外国を含めたコレクションに走ることになる。カブトムシの場合は、外国に行くか、最近可能になった生き虫の飼育に向かうかなのだろう。

そんな愚痴を言っていても仕方がないので、少ない資料の中から、探し出した情報を次項で紹介する。

4）カブトムシの博物誌

兜虫という名称は、カブトムシの角の先が二叉に分かれていることから連想されたのであろう。ということは兜虫型の兜があってよいはずである。大分探したが、まさに兜虫という兜を見つけることは出来なかった。その代わり、種解説をお願いしている永井さん所蔵の刀の鍔と目貫を紹介(図9）しよう。

甲虫の話題といえば、どうしてもエジプトのスカラベになる。その中にカブトムシが含まれていたというのである。つまり、当時は厳密な種の同定が行なわれていたわけではないので、カブトムシもスカラベの類として太陽の力強さの象徴であったという（世界大博物図鑑－1[10]）。この解説の後半で述べるように、分類上カブトムシとスカラベは近い親戚なので、間違いとはいえないのである。エジプトにどんなカブトムシがいるのかはっきりはわからないが、サイカブト族

図9：永井さん所蔵の鍔と目貫（目貫：刀を鞘にとめる目釘の表面飾り）
左：鍔（鉄木目地　兜虫図鍔　無銘　江戸後期　（山口県））
右：目貫（素銅地　兜虫図目貫　無銘　江戸中期～後期　（京都、後藤家））

図8：日本に棲息するカブトムシ(BEKUWA むし社　22冬号 [8])

カブトムシ　コカブト　タイワンカブト　ヒサマツサイカブト　クロマルカブト　ホリシャクロマルカブト

の *Oryctes* 属が広く分布しているので、その仲間の *Oryctes agamemnon* あたりかもしれない。

世界大博物図鑑には、この他、江戸時代の子供はカブトムシに小さな車を引かせて楽しんだ話や、縁日にもカブトムシに紙の大八車を引かせる大道芸があったとの記載がある。

現代では、カブトムシで遊ぶといえばムシキングということになるかもしれないが、まあ、これは除くとして、前に述べた闘争本能を利用した力比べであろう。

虫を戦わせる遊びで有名なのは、コオロギを戦わせる中国の「闘蟋（とうしつ）」である。1200年以上の歴史をもつそうで、そのための道具も洗練されたものが生まれている[11]。博物誌に加えるのに十分な資格がある。

また、タイではヒメカブト（65頁）を戦わせるメンクワンという競技がある。400年も前からの伝統だそうである。海野さんの名著「カブトムシの百科[12]」にその模様が生き生きと描かれているので、紹介しよう。

広場に立てられたやぐらの上で、ヒメカブトムシ使いが二人、バルサ材で出来た丸太の両端に座り、水牛の角で出来たメンファンとよばれる小さな棒で丸太を叩くようにして回し、カタカタというリズミカルな音を出すと、まるでその音に合わせるようにしてヒメカブトムシがケンカをはじめるのだ。2匹のヒメカブトムシはその音を聞くと、まるでマジックにでもかかったようにツノをぐっと下げてファイティングポーズをとる。そしてそのままぐっと前に出る。しばらく角を突き合わせているが、すぐに角をがっしりと絡み合わせ、四つに組んで相手を持ち上げようとするのだ。この競技には特に選び抜かれたカブトムシが使われているから、勝負は簡単にはつかない。まわりはやんやの大歓声である。実は、見物人はどちらのカブトムシが勝つかにお金をかけているのである。

この後、戦いの土俵などについても、詳しく書いてあるので、読んでみてほしい。また、メンファン製造の様子[13]とメンクワンの動画[14]を見つけたので参考にしてほしい。400年の歴史をもつメンクワンは、少々荒削りだが博物誌に加えるのに十分な資格があると思う。

では、我が国のカブトムシ・クワガタムシではどうだろう。カブトムシ相撲で検索して驚いた。大規模なもの・小規模なもの取り混ぜて大量の結果が表示されたのだ。夏になると日本の各地での子供向けイベントとして実施されているようである。その中で、「全国」と銘打っているカブトムシすもう大会が2つあった。山形県中山町[15]と佐賀県太良町[16]である。また、佐賀市富士町では「全九州大人のカブトムシ相撲大会[17]」が行われている。大人だけが参加できる大会はおそらくここだけであろう。今後この大会がどうなっていくのか、興味がある。おもしろくなってもう少し調べてみると「JIMSA日本昆虫市場クワガタ・カブト相撲協会[18]」なるものが見つかった。生き虫を商売にしている業者の団体が、カブトムシ相撲の統一ルールを定めているのである。そのルールがどの程度各地で適用されているかは定かでない。

このように見てみると、日本でカブトムシ相撲は、地域自治体主体の町おこしの一環として自然公園での体験と組み合わせているものと外国産のカブトムシを含め生き虫業者が主導しているものに大別できる。これらが継続して行われ、闘蟋やメンクワンのように博物誌に加わる資格を得るのはいつの日のことだろう。

5）アートに登場するカブトムシ

●絵画

西洋の甲虫の絵画といえば、デューラーのクワガタが有名である。ヨーロッパに少ないためかカブトムシの絵はないようである。

図鑑的な目的で書かれた細密画は多く存在する。江戸時代の日本でも、カブトムシが描かれたものが存在するが、荒俣宏さんは気に入らないレベルだといって

図10：タイのカブト相撲（メンクワン）
http://www.youtube.com/watch?v=qPitrTjM3Hg　http://www.youtube.com/watch?v=qMG0xOISnlo

図11-1：山形県中山町の全国カブトムシすもう大会
http://www.town.nakayama.yamagata.jp/nakayama_machi/shoukai/kabuto.htm

図11-2：佐賀県太良町・白石町の全日本カブト虫相撲大会
http://www.youtube.com/watch?v=qMG0xOISnlo

いる [19]。近年の細密画のレベルは大変なもので、池田清彦さんの「昆虫のパンセ」に載っている木村政司さんの絵（カブトムシではない）[20] を見て驚嘆した覚えがある。ここまで来ると学術的な意味を越えたアートの領域になっている。最近では人気の熊田千佳慕さんの作品は細密ではあるが、あくまでやさしいまなざしで自然を見ている感じがする。当然ながら樹液に集まるカブトムシの作品 [21] も存在する。

●彫刻

海外を含め、昆虫の彫刻は多くない。博物館や昆虫館のモニュメント的に扱われることが多い。その中で、佐藤正和重孝さんの作品 [22] は、王道を歩んでいると言えるだろう。甲虫の形態を様々な角度から作品化している。それから彫刻といえるかどうかわからないが、全国に巨大なステンレス製昆虫モニュメントを提供している作家として、中嶋大道氏 [23] がいる。また若手の作家で陶器を作っている奥村巴菜さん [24] がいる。ゾウムシが多くカブトムシは作っていないようである。

彫刻といえるかどうかわからないが、アーティストのサクラヤスユキさんは、主催する「KABUTO PROJECT」のなかで、カブトムシの角の彫刻を大勢の出演者のおでこに装着させて騎馬戦をおこなうインスタレーション [25] を行っている。NHK のトップランナーという番組でも取り上げられた人物のようだ。

図 12：佐賀県太良町・白石町の全日本カブト虫相撲大会
https://www.facebook.com/photo.php?fbid=528652337183910

6）書籍・ビデオに登場するカブトムシ

●書籍

有名な小説にもカブトムシが登場しているはずだと探してみたが、どうも見つからなかった。存在したとしても主題としては扱っていないと思う。カブトムシの名のついた書籍のほとんどが飼育の方法の本か、子供向けの絵本であった。小説では、矢野昭文「黄色いカブトムシ [26]」と新美南吉「かぶと虫 [27]」がある。いずれも、子供時代の思い出として、物語に登場させている。

図 13：佐藤正和重孝の作品（ゾウカブト）
http://www.geocities.jp/stonebeetle1973/miyosi.htm
アートヒル三好ヶ丘'９９彫刻フェスタ　　グランプリ受賞作品

図 14：中嶋大道の作品（カブトムシ）
http://www.town.kagoshima-osaki.lg.jp/osaki02/osaki26.htm

主題として虫を扱った漫画がある。秋山亜由子という作者で、「こんちゅう稼業 [28]」、「虫けら様 [29]」という本を出している。虫を擬人化して描く作家である。かぶと虫を取り上げているかどうかはわからない。外国の本では、ロシアの A&B ストルガツキーの「蟻塚の中のかぶと虫」というＳＦミステリーがある。オーストラリアにいるアリヅカカブトのことを知って描いているのかと読んでみたが、関係ないようである。また、原題は「Beetles」を意味するロシア語が使われていたので、例によって、甲虫をかぶと虫と翻訳されたようだ。

●映画・ビデオ

仮面ライダーカブトという劇場版映画があるという。古くは、「少年探偵団　かぶと虫の妖奇」、「ウルトラマンレオ 25 話：かぶと虫は宇宙の侵略者」など、一連の怪獣もの変身ヒーローものに登場する。ジョージ・ルーカスなど、ハリウッド映画に出てくる怪獣の多くは昆虫

図 15：KABUTOMU PROJECT
http://pingmag.jp/jp/2006/09/07/sakura-yasuyuki-kabuto-project/
http://www.sakurayasuyuki.com

からイメージしたものだと思う。そして、多くは悪役である。その点、かぶと虫は悪役のイメージが乏しいので、使いにくいかもしれない。

●音楽

音楽関連では、

井上陽水の「ゼンマイ仕掛けのかぶと虫」[30]

aikoの「カブトムシ」[31]

が双璧であろうか。どちらも良い曲で、カブトムシファンとしてはうれしい限りというところだ。

2：カブトムシの生態

1）幼虫の生活

かぶと虫の幼虫に関する情報は数多い。外国産を含め飼育が広まっているためである。自然状態とは異なる部分もあると思うが、基本的なところは押さえられるように思う。

塵騙[32]で解説したように、樹木が枯れ、土の戻る過程のなかの最終段階をカブトムシは利用する（クワガタは少し前の段階を利用する）。というわけで、カブトムシは腐植土（腐葉土を含む）の中に卵を産む。驚いたことにこの卵、生長する[33][34]のだそうだ（図16）。卵が成長するというのは驚きだが、水分のある柔らかい土の環境に産卵されるため、そんな芸当が出来るのだろうか。産みたての卵（直径2mm、長さ3.2mm）は白色でやわらかいが数日経つと茶色のボール（直径4mm、長さ4.5mm）のようにかたくなる[34]という。昆虫の世界では、幼虫は食べて成長するのが仕事で、成虫は子孫を残すのが仕事になっている。卵から孵った幼虫は8～20mm。2回の脱皮をへて、40～80mmになる。その間、どんぶり3杯分の腐植土を食べて、生まれたときの300倍もの大きさになる[35]という。腐植土は栄養価が高いとはいえない食物なので、沢山食べる必要があるのだろうが、それにしてもカブトムシの幼虫の食欲は大変なもののようだ。幼虫は腐葉土の中で冬を越し、終令幼虫（2回脱皮した幼虫）は、春になり蛹になるための蛹室（図17）を作る。これらの過程は外国のカブトムシでも同じようだ（といっても生き虫の輸入が許されている種での情報だが）。

腐植土の中は、清潔とはとてもいえない環境である。様々なバクテリアとまさに肌を接して暮らしているわけだ。良く無事に成長できるものだと思っていたら、カブトムシの幼虫は「カブトムシペプチド」という抗菌性タンパク質をもっていることが発見された。腐植土の中の雑菌が体内に入り込んだとき、これを使って感染を防止するのだという。人間様がこれをほっておくわけがなく、抗生物質や抗がん剤への応用の研究が進んでいるという[36]。

2）成虫の生活

カブトムシといえば、樹液である。クヌギなどの樹液にスズメバチやクワガタなどと一緒にわいわいやっている様子は、子供たちの自然への入り口となっている。カブトムシの口にはブラシ状のヒゲがありこれを用いて樹液をなめるのだ。というわけで、カブトムシは噛みついたりはしない安全な昆虫なのである。ところが、カブトムシの仲間全てが同じ生態ではない。我が国に棲息するカブトムシについては情報が得られるので、少し見てみよう。

コカブト（102頁）は、昆虫の幼虫や死骸を食べる。つまり肉食だという。カブトムシと異なりに樹液にはほとんど来ないという。朽ち木や樹木の洞内で発見されることが多い。幼虫は朽ち木を食べる。これらを総合すると、前述の樹木が枯れ、土に戻る過程の中で、カブトムシより早い段階、つまりクワガタムシに近い段階を利用しているのかもしれない。成虫の肉食性は強いようで、その様子がネットにも掲載（図18）されている。

沖縄にいるサイカブト（タイワンカブト）は、ヤシやサトウキビの大害虫である。元々日本にはいない種であったが、きわめて強い穿孔性を示すそうで、「ヤシ類の頂芽部より穿孔し、成長点を食害するので、枯死することが多い。[38]」とのことである。現在、奄美大島にも生息し本州への侵入・被害が心配されている。

図16：成長するかぶと虫の卵
左：産みたて　右：数日後
http://www.geocities.co.jp/NatureLand/4514/kansatu/kabukansatu.html

図17：蛹室内のカブトムシの蛹
(BEKUWA むし社　22冬号[8])

というわけで、カブトムシ亜科の昆虫の食性は、様々のようだ。こうしてみてみると、我々のカブトムシ亜科の昆虫のイメージは、カブトムシにより形成されたということがよくわかる。

最後にオーストラリアのカブトムシの話をしよう。オーストラリアには、アリと共生するといわれるアリノスカブト(103頁)などおもしろい生態をもつ種がいる。ここでは、ゴキブリと暮らすカブトムシを紹介する。ゴウシュウカブト（71頁）は、ユウカリの林にすむ体長80cmもある大きなヨロイモグラゴキブリを利用する。以下海野さんの文[39]を紹介する。

ゴウシュウカブトのメスは、地中に穴を掘り落ち葉を引き入れて卵を産むといわれる。ヨロイモグラゴキブリとよく似た生態だ。ただし保育はしないので、餌はやがて無くなってしまう。すると幼虫は自分で地中を移動し、ヨロイモグラゴキブリの巣を探す。そして巣の中のゴキブリの糞を食べて成長するのだという。

3）特徴のある生態

●削る

カブトムシは樹液に集まる。樹液を出すためにクヌギなどの表皮に傷を付けるのは、カミキリムシの幼虫やキクイムシの幼虫が出てきた痕など（ボクトウガの幼虫が関与しているという話もある）で、カブトムシにはその作業は出来ない。このように皆考えていた。確かに、クヌギなど表皮の硬い樹木ではその通りなのだが、タイワントネリコなど表皮の比較的薄い樹木では、カブトムシ自らがその作業を行うということが本郷さんにより発見された[40][41]。その時使うのが、ブラシ状の口器の上にあるクリペウス（図19）である。トネリコの表皮は柔らかく傷を付けると直ぐに樹液がでるが、長続きしない。カブトムシは、樹皮を削ることを繰り返すという。本郷さんは、「この行動は世界中のカブトムシに共通する「オリジナル行動」かもしれない---なんて想像したくなります。」と結んでいる。

NHKの「ダーウィンが来た」で、ヘラクレスオオカブトに、樹皮削り行動をしている様子が収録されている（64回：2007年8月5日放送）。さすがNHKはしっかり調べており、ヘラクレスオオカブトは先ず、硬いオオアゴで樹皮を柔らかくし、その後ヘラのように突き出た下あごを「ノミ」のように使って、その部分を削るという。

●武器

カブトムシ亜科の昆虫は、大型で力が強い種が多い。大型の種を不用意に掴むとツメなどで怪我をする可能性はあるのだろうが、刺す、噛みつくなどの話は聴いたことがない。

昆虫の天敵は、鳥である。カブトムシの場合表面は硬いクチクラで覆われているので、腹の部分をねらわれるようである。本郷さんの調査場所では、犯人はフクロウだった。角は、このような天敵には通用しないのだ。カブトムシ亜科の中で最も凶暴といわれているコーカサスオオカブト(キロンオオミツノカブト)は、敵に襲われると角を振り回すという。そしてもう一つ、胸の部分がが激しく上下する。そうすると角のある胸の後ろの部分とハネのある前の部分が閉じたり開いたりする。これが「爪切り」となるというのだ[42]。どの程度敵に対して有効なのかはわからないが、飼育している人が多いので、怪我をした経験があるのであろう。この爪切りは、ブリーダーたちの常識になっているようである。

●力持ち

カブトムシの力の調査は、子供たちの夏休み研究の目玉となっている。一般的にいわれているのは体重の20倍[43]である。大型のカブトムシの体重は10g程度なので、200g程度のおもりを引くことが出来ることになる。子供がミニカーをひかせた研究結果[44]を発表している。結果は192g、なるほど良くできました。

●鳴く

日本では鳴く虫に対する関心が高い。世界的に見ても、珍しいといわれる。ただムシに声帯があるわけではなく、鳴くといっても体の一部をこすりあわせて音を出す虫が多い。ではカブトムシは鳴くか。カブトムシは発情したり興奮したりするとよく鳴くことが知られている。腹を伸び縮みさせて鳴くという[45]。闘争のところで書いたように、所謂カブト虫相撲では、日本でもタイでも人間が棒を叩いて音を出すことにより、カブトムシをけしかけていた。

図18：コカブトムシの肉食現場[37]

クリペウス：ブラシ状の口の上部に、硬くなった機関「クリペウス」があり、カブトムシはこの器官を使って樹皮を削っていました。[41]

図19：クリペウス
動画：カブトムシがクリペウスを使って樹皮を削っている様子[41]
http://www.momo-p.com/showdetail-e.php?movieid=momo050525td01a

3：カブトムシの戸籍

1）コガネムシ上科

コガネムシ上科は、クワガタムシ・カブトムシ・カナブンそして糞虫など、我々にとって馴染み深い虫たちが含まれている集団である。日本産コガネムシ上科標準図鑑という、我が国のコガネムシ上科の虫たちを集大成した図鑑が出版[46]されたので、これを参考に、概要を紹介しよう。

コガネムシ上科に属する昆虫には、前述のように、クワガタムシ、カブトムシなどよく知られている虫たちだけでなく、多くの科の昆虫がいる（表6）。世界に約35,000種いるという。日本には約450種棲息している[47]。比較的大型の種が多いため日常生活の中でもよく目にする種の多い繁栄した甲虫たちである。表6にカブトムシの記述がないのは、何度も述べているように、カブトムシは、コガネムシ科の一亜科にすぎないからである。

2）コガネムシ科

コガネムシ科の昆虫は、コガネムシ上科の中で最大のグループである。コガネムシ科は古くから食糞性と食葉性の2グループの2系統（表7）に分けられている（近年の研究により、この分類の再検討が必要という[50]）。食糞性というのは、「基本的に動物の糞を食べ、幼虫も糞を食べるが、一部、腐植性・菌食性・好白蟻性の種もいる[51]」という。一方、食葉性は、「このグループの主な亜科であるコブスジコガネ亜科・スジコガネ亜科に属する種の成虫の大多数が植物の葉を食することから命名された種の集合[52]」である。素人考えでは、分類学の中で、科でもなく亜科でもない分類があるのを不思議に思うが、そこには、自然物を人が区別する難しさがあるのだろう。自然界にはまだまだわからないことが沢山あるのだ。

コガネムシ科の昆虫は世界で3万種以上、日本ではおよそ360種棲息するといわれる。コガネムシ上科の中でも圧倒的な種数を有する科であることがわかる。

さて、ここでようやくカブトムシの名前が登場する。葉を食べない種もいるが、食葉性グループに分類される。スジコガネ亜科と近い存在である。スジコガネ亜科・カブトムシ亜科では、「爪を180度近く折り返せる構造をもつ種が多く、これにより植物の葉をしっかりとつかみやすく、植物上でより活動しやすくするのに役立っている。また、オスの爪はメスに比べ一般的に太く、メスの背に乗ってしっかりと確保することが出来ると推測できる。[54]」という。

3）カブトムシ亜科

カブトムシ亜科の昆虫、つまりカブトムシと呼ばれる昆虫は世界に約1,700種棲息している。多いといえば多いのだが、ゾウムシやハムシなどの小型種に比べると少ないと感じる。もっとも、カブトムシは亜科で、ゾウムシは上科、ハムシは科なので、比較に一貫性があるわけではない。

カブトムシ亜科の昆虫は、8属に分類（105頁参照）されている。一般に知られているカブトムシのほとんどは、大型種でカブトムシ属に属しており、一部サイカブトムシ族に属する種が含まれる。他の属の種はほとんどが小型種であり、角の無い種ばかりの属（表3：133頁参照）もある。

こう説明すると「何をもってカブトムシというのか」という疑問が生ずる。角の無いカブトムシが何故カブトムシなのだろうか。その疑問は、「角のある昆虫をカブトムシと呼んでいるわけではない。糞虫にも角があるし、ハナムグリの仲間にも角をもつ種は多い。」という答えが、用意してあるが、何となく納得しがたい感じである。少し難しいが、カブトムシ亜科の昆虫の分類学上の判別に用いられる形態について「日本産コガネムシ上科標準図鑑」では、以下のように説明している[54]。

1：上唇は頭楯の下に隠れ、外から見えない
2：頭楯の前縁の形状は多様で、弓状に丸まるか、とがるか、切断状か、または中央でくぼむ
3：触角は通常10節からなり、ときに8～9節、片状節（球桿）は3節で通常小さい
4：大あごの側縁には通常歯をそなえるが、コカブト属（*Phileurinii*）の一部はそれを欠く
5：小楯板は普通で、特に肥大することはない
6：前基節は横長で、中脛節の先端に2棘をそなえる
7：爪は通常左右同長

このように例外項目も多い。昆虫の分類の難しさが現

表6：コガネムシ上科の科間の形態形質に基づく系統関係[48]
日本産コガネムシ上科標準図鑑（学研）109頁を改変

- ニセコブスジコガネ科
- クロツヤムシ科
- クワガタムシ科
- ホソマグソクワガタムシ科
- コブスジコガネ科
- フユセンチコガネ科
- ムネアカセンチコガネ科
- ヒゲブトハナムグリ科
- センチコガネ科
- アツバコガネ科
- マンマルコガネ科
- アカマダラセンチコガネ科
- コガネムシ科

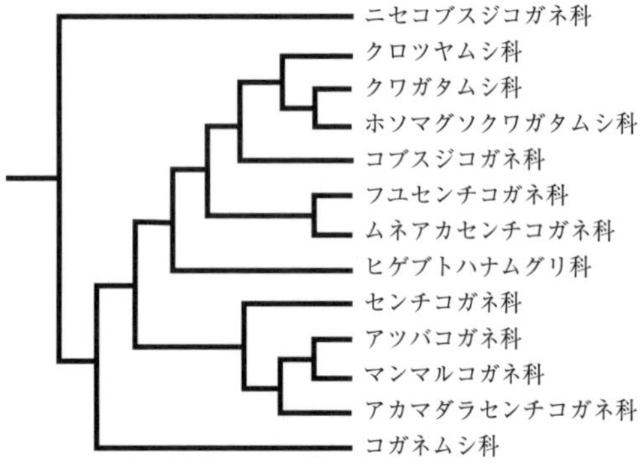

表7：コガネムシ科の亜科間の形態形質に基づく系統関係[49]
日本産コガネムシ上科標準図鑑（学研）188頁を改変

- マグソコガネ亜科 ┐
- ニセマグソコガネ亜科 ├ 食糞性グループ
- タマオシコガネ亜科（ダイコクコガネ亜科を含む）┘
- Orphninae亜科 ┐
- コフキコガネ亜科 │
- スジコガネ亜科 │
- カブトムシ亜科 ├ 食葉性グループ
- オオチャイロハナムグリ亜科 │
- ハナムグリ亜科 │
- ヒラタハナムグリ亜科 │
- トラハナムグリ亜科 ┘

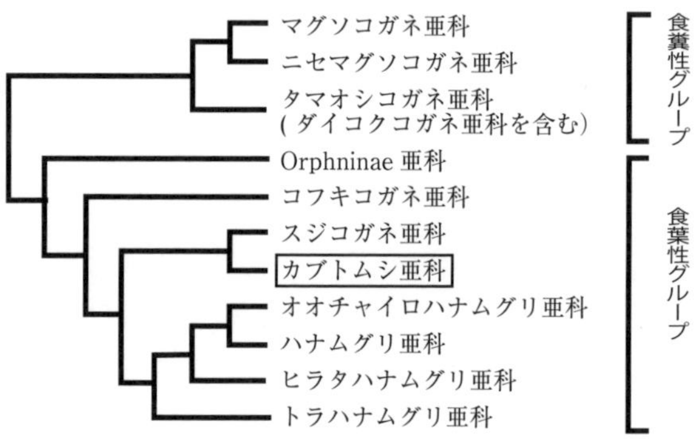

れているともいえよう。この記述に対応してカブトムシの特徴を図20にまとめておいたので参考にしてほしい。

世界のカブトムシはどんなところに棲んでいるのだろうか。世界動物区（図21：動物区は通常6区で構成されるが、この文献では、太平洋区とパプア区を加えた8区構成になっている）毎に種数を集約した表を見つけた（表8）。これをみると予想通り、中南米、アジア・オーストラリア、アフリカに多く棲息することがわかる。また、地域ごとに棲息する種の族に大きな偏りがあることがわかる。

さて、我々がカブトムシに抱くイメージは、大型でがっちりした体格をしており、昆虫の中で唯一遊び相手になってくれる存在という感じではないだろうか。そこで、世界のカブトムシの体長（体長には角の部分は含まない）を世界のカブトムシ亜科の昆虫を網羅した「The Dynastinae of The World」のデータを整理してみた。種数は、約1400（各種ごとに最大値と最小値が載っている）である。世界のカブトムシは約1700種（永井さんのデータでは、1721種：個別種解説参照）といわれるので、十分な種数のカブトムシが含まれているデータと考えて良いだろう。結果を図22に示す。

The Dynastinae of The Worldに掲載されているカブトムシのオスの体長を2mm毎に分類し、そこに含まれる種数のグラフである。種数のピークは、15mm～17mm付近にある。

この結果でわかることは、我々がカブトムシの代表と考えている大型の種は、ごくごく例外的な存在であることである。15mm～17mmという大きさは、カブトムシの一般的な印象からするとものすごく小さいと感じるのではないだろうか。しかし、彼らはよく見ると大型種とは異なる魅力にあふれているのだ。

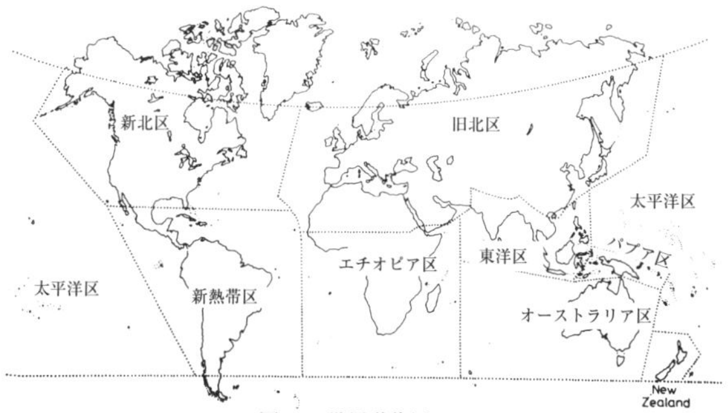

図21：世界動物区[56]
文献[56]のMap1（P8）を改変

表8：世界動物区別カブトムシ種数[55]
文献[55]のP15の表を改変。世界動物区については、図21参照

	エチオピア区	旧北区	東洋区	パプア区	太平洋区	オーストラリア区	新熱帯区	新北区	合計
コガネカブト族	1	_	_	_	_	_	277	23	301
パプアカブト族	_	_	1	21	1	1	_	_	24
ヒナカブト族	_	_	_	_	_	_	36	_	36
マルカブト族	164	20	45	40	4+6	158	83	17	531
サイカブト族	46	6	31	6	_	1	118	7	215
カブト族	1	2	12	2	_	4	33	9	63
ヒラタカブト族	9	_	_	_	_	_	_	_	9
コカブト族	28	1	23	2	1	24	104	4	187
合計	249	29	112	71	6+6*	188	651	60	1366

*パプア区とオーストラリア区との共通種が3種ずつ存在

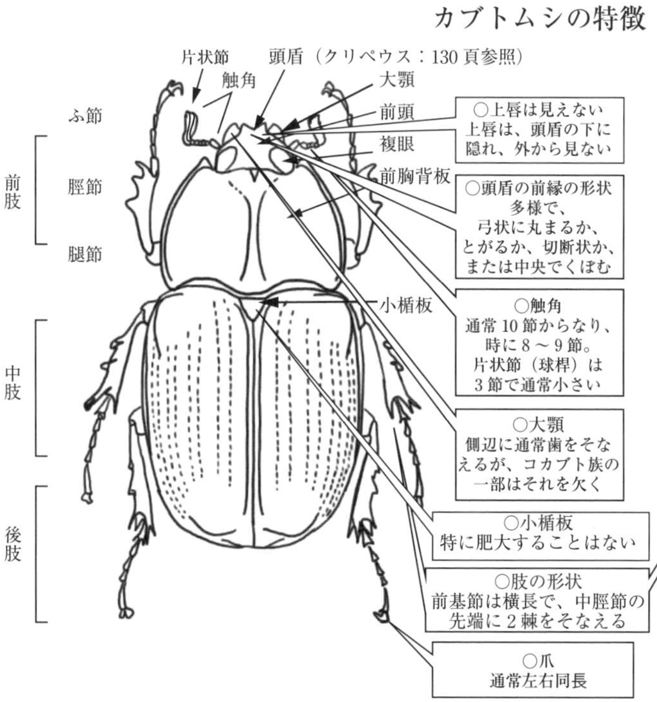

図20：カブトムシの構造と特徴
The Dynastinae of The Worldの図（P12）を参考に作成[53]

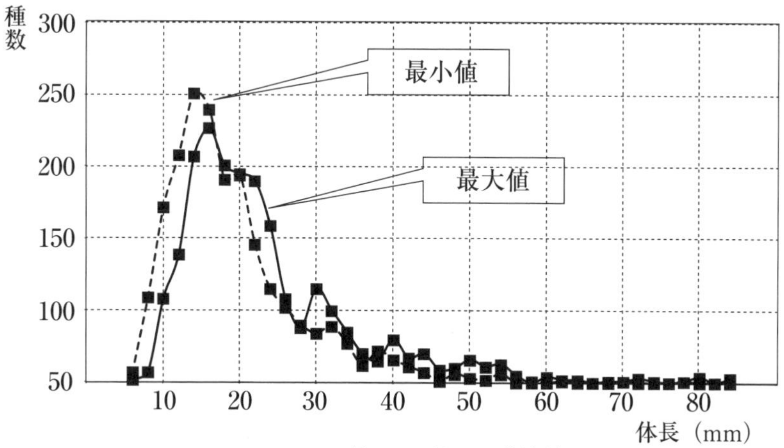

図22：カブトムシの体長分布
The Dynastinae of The Worldのデータを使用

参考文献

1：河野和男、「カブトムシと進化論」、新思索社、2004、P302
2：チャールス・ダーウィン、「人間の進化と性淘汰Ⅱ」、長谷川真理子訳、文一総合出版、2000、P145
3：本郷儀人、「カブトムシとクワガタの最新科学」、メディアファクトリー新書、2012
4：同上、P46
5：同上、P101
6：同上、P102
7：奥本大三郎監修、「虫の日本史」、新人物往来社、1991、P113
8：BEKUWA むし社 22冬号、2007
9：小檜山賢二、「虫をめぐるデジタルな冒険」、岩波書店、2005、P85
10：荒俣宏、「世界大博物図鑑－1蟲類」、平凡社、1991、P406
11：瀬川千秋、「鬪蟋」、大修館書店、2002
12：海野和男、「カブトムシの百科」、データハウス、1993、P58
13：http://www.youtube.com/watch?v=qPitrTjM3Hg
14：http://www.youtube.com/watch?v=qMG0xOISnlo
15：http://www.town.nakayama.yamagata.jp/nakayama_machi/shoukai/kabuto.htm
16：http://www.youtube.com/watch?v=qMG0xOISnlo
17：https://www.facebook.com/events/457100384385482/
18：http://www.kuwawakaba.com/kuwa_data/JIMSA/
19：荒俣宏、「世界大博物図鑑－1蟲類」、平凡社、1991、P400
20：池田清彦、「昆虫のパンセ」、青土社、1992
21：熊田千佳慕、「クマチカ先生の図鑑画集」、求龍堂、2012、P67
22：http://www.geocities.jp/stonebeetle1973/
23：http://www5b.biglobe.ne.jp/~s-daido/
24：https://www.facebook.com/hana.okumura
25：http://pingmag.jp/jp/2006/09/07/sakura-yasuyuki-kabuto-project/
http://www.sakurayasuyuki.com
26：http://www.amazon.co.jp/ 黄色いカブトムシ - 矢野 - 昭文 -ebook/dp/B00DA06ZJW/
27：http://www.amazon.co.jp/ かぶと虫 - 新美 - 南吉 -ebook/dp/B009B0SL4M/
28：http://www.amazon.co.jp/ こんちゅう稼業 - 秋山 - 亜由子 /dp/4883791297/
29：http://www.amazon.co.jp/ 虫けら様 - 秋山 - 亜由子 /dp/488379105X/
30：http://www.youtube.com/watch?v=vZ1exL5nzwE、
31：http://www.youtube.com/watch?v=f79a36UrVYY」
32：小檜山賢二、「塵驕」、出版芸術社、2013、P114
33：http://www.geocities.co.jp/NatureLand/4514/kansatu/kabukansatu.html
34：萩野昭三監修、「カブトムシ・クワガタひみつ事典」、学研、1982、P98
35：同上、P104
36：http://www.nias.affrc.go.jp/org/GMO/InsectMimetics/page01.html
http://www.youtube.com/watch?v=e4yUTp3m1TU
37：http://www.kpftc-pref-kagoshima.jp/kankoubutu/houkoku.htm#%83^%83C%83%8F%83%93%83J%83u%83g%83%80%83V
38：海野和男、「カブトムシの百科」、データハウス、2006、P172
39：本郷儀人、「カブトムシとクワガタの最新科学」、メディアファクトリー新書、2012、P162
40：本郷儀人、「カブトムシとクワガタの最新科学」、メディアファクトリー新書、2012、P162
41：http://www.momo-p.com/showdetail-e.php?movieid=momo050525td01a
42：「昆虫の世界」、新星出版社、2009、P97
43：http://www.enjoy-breeding.com/aboutbeetle40.html
44：http://navi.benesse.ne.jp/sho/all/others/natsuken/free/9
45：http://www.youtube.com/watch?v=iAXS9NkijRc
46：岡島秀治、荒谷邦雄監修、「日本産コガネムシ上科標準図鑑」、学研、2012
47：同上、P108
48：同上、P109
49：同上、P188
50：同上、P188
51：同上、P189
52：同上、P191
53：S. Endrödi：「The Dynastinae of The World」、Series Entomologica, Vol. 28、Dr. W. Junk Publishers、1985、P12
54：岡島秀治、荒谷邦雄監修、「日本産コガネムシ上科標準図鑑」、学研、2012、P361
55：S. Endrödi：「The Dynastinae of The World」、Series Entomologica, Vol. 28、Dr. W. Junk Publishers、1985、P15
56：同上、P8

全般的に参考にした書籍

・S. Endrödi：「The Dynastinae of The World」、Series Entomologica Vol. 28、Dr. W. Junk Publishers、1985

地域別種名

●アジア・オセアニア

クリイロカンムリマルカブト　Pseudoryctes bidentifrons・・・・・06
ゴウシュウムナクボマルカブト　Cheiroplatys excavatus・・・・・24
マルガッシュヒゲナガマルカブトムシ　Parisomorphus bouvieri　25
オプタトゥスハマベマルカブト　Dipelicus optatus・・・・・26
ヒメオニハマベマルカブト　Dipelicus centratus・・・・・27
オニハマベマルカブト　Dipelicus cantori・・・・・裏表紙
テクトゥスヒメカンムリマルカブト　Cryptoryctes tectus・・30
ブリットニヒメカンムリマルカブト　Cryptoryctes brittoni　31
プシルスヒメカンムリマルカブト　Cryptoryctes psilus・・32-33
ツヤツツクロマルカブトムシ　Pucaya castanea・・・・・36
ウッドラークパプアクロマルカブト　Papuana woodlarkiana・・・・37
パプアミツノサイカブト　Scapanes australis・・・・・03
マルタバンコブサイカブト　Trichogomphus martabani・・・・・42
ブロンクスコブサイカブト　Trichogomphus bronchus・・・・・43
ルニコリスコブサイカブト　Trichogomphus lunicolis・・・・44
ヒラヅノサイカブト　Ceratoryctoderus candezei・・・・・56
ツヤヒラヅノサイカブト　Ceratoryctoderus armatus・・・・・57
イテュスコサイカブト　Clyster itys・・・・・58
ゴホンカブト　Eupatorus (Eupatorus) gracilicornis・・・・・60
ビルマゴホンカブト　Eupatorus (Alcidosoma) birmanicus・・・・61
ハードウィックゴホンカブト　Eupatorus (Eupatorus) hardwickii・・・62
シャムゴホンカブト　Eupatorus (Alcidosoma) siamensis・・63
パプアミツノサイカブト　Beckius beccarii・・・・・64
ヒメカブト　Xylotrupes gideon・・・・・65
ケブカヒメカブト　Xylotrupes pubescens・・・・・66
サビカブト　Allomyrina pfeifferi・・・・・66
シナカブト　Xyloscaptes davidis・・・・・70
ゴウシュウカブト　Haploscapanes barbarossa・・・・71
キロンオオミツノカブト　Chalcosoma chiron・・・・・72
モーレンカンプオオミツノカブト　Chalcosoma moellenkampi・・73
アトラスオオミツノカブト　Chalcosoma atlas・・・・・74-75
クボミアリノスコカブト　Cryptodus caviceps・・・・103,104

●アフリカ

オリオンスナバムナクボマルカブト　Phyllognathus orion・・・・28
ブルマイスタースナバムナクボマルカブト　Phyllognathus burmeister　29
オウサマサイカブト　Oryctes gigas・・・・・・・・・38
ヨコミゾサイカブト　Oryctes latecavatus・・・・・08
ヘラヅノハビロサイカブト　Dichodontus grandis・・・・・41
コツノサイカブトムシ　Xenodorus janus・・・・・52
モンタンドンヒラタカブト　Hexodon montandonii・・・・・94
アヤモンヒラタカブト　Hexodon reticulatum・・・・・95
ヒメヒラタカブト　Hexodon minutum・・・・・96
ヒラタカブト　Hexodon unicolor・・・・・97
オニコカブト　Archophanes cretericollis・・・・・34

●北中南米

ユミアシコガネカブト　Harposcelis paradoxus・・・・・08
ブルガリスエボシカブト　Aancognatha vulgaris・・・・・09
アヤモンコガネカブト　Cyclocephala sp.・・・・・10
アカムネコガネカブト　Cyclocephala melanocephala・・・11
ムツボシコガネカブト　Cyclocephala gabaldoni・・・・・12
ハスモンコガネカブト　Cyclocephala forsteri・・・・・12
マルモンコガネカブト　Cyclocephala ocellata・・・・・13
キバネナガコガネカブト　Aspidolea bleuzeni・・・・・13

ミドリカラカネヒナカブト *Agaocephala bicuspis* ・・・・・16
ヨツボシヒナカブト *Brachysiderus quadrimaculatus* ・・・・17
ミツノヒナカブト *Aegopsis curvicornis* ・・・・・・・・18
アカムネヒナカブト *Gnathogolofa bicolor* ・・・・・・・・・19
トゲエボシヒナカブト *Lycomedes buckleyi* ・・・・・・・・・・20-21
ベーツビロードヒナカブト *Spodistes batesi* ・・・・・・・・・22
ハビロコツノヒナカブト *Mitracephala humboldti* ・・・・・・・23
フタツノアメリカハビロクロマルカブト *Bothynus entellu*34
フトヅノマグソクロマルカブト *Diloboderus abderus* ・・・・35
ヘリウスサイカブト *Enema pan* ・・・・・・・・・・・45
スチューベルツヤサイカブト *Megaceras stubeli* ・・・・・・46~47
ケバネアメリカヒサシカブト *Heterogomphus hirtus* ・・48
ヒメケバネアメリカヒサシカブト *Heterogomphus schoenherri* ・・・49
ハビロアメリカヒサシカブト *Heterogomphus ulysses* ・・・50
ミツノアメリカヒサシカブト *Heterogomphus mniszechi* ・・・・51
バリドスミツノサイカブト *Strategus validus* ・・・・・・・・53
ツノナガミツノサイカブト *Strategus mandibularis* ・・・・・54~55
ミツノセスジサイカブト *Coelosis bicornis* ・・・・・・・・59
ヘラクレスオオカブト *Dynastes hercules lichyi* ・・76~77,78
ネプチューンオオカブト *Dynastes neputunus* ・・・・・・・・79
サタンオオカブト *Dynastes satanas* ・・・・・・・・・80
グラントシロカブト *Dynastes grantii* ・・・・・・・・・82
チチウスシロカブト *Dyanstes tityus* ・・・・・・・・・83
マヤシロカブト *Dyanstes maya* ・・・・・・・・・・84
ヒルスシロカブト *Dyanstes hyllus* ・・・・・・・・・・85
アフリカオオカブトムシ *Augosoma centaurus* ・・・・・81
ゾウカブト *Megasoma elephas* ・・・・・・・・・・・・・・05
テルシテスヒメゾウカブト *Megasoma thersites* ・・・・・86
パチェコヒメゾウカブト *Megasoma pachecoi* ・・・・・87
マルスゾウカブト *Megasoma mars* ・・・・・・・・・88
アクタエオンゾウカブト *Megasoma actaeon* ・・・・・・・・・89
ノコギリテナガカブト *Golofa porteri* ・・・・・・・・・・・90
ヒシガタタテヅノカブト *Golofa claviger* ・・・・・・・・・・・91
ツヤタテヅノカブト *Golofa cochlearis* ・・・・・・・・・・・92
シシメカタテヅノカブト *Golofa xiximeca* ・・・・・・・・・・・92
サスマタコカブト *Trioplus cylindricus* ・・・・・・・・・・・99
ツルンカートスオオコカブト *Phileurus truncatus* ・・・・・・100
オオサマオオコカブト *Phileurus didymus* ・・・・・・・・・・101

●ヨーロッパ

オウシュウサイカブト *Oryctes nasicornis* ・・・・・・・・・・40

●日本

カブトムシ *Trypoxylus dichotom* ・・・・・・・・・・・・68,69
コカブト *Eophileurus chinensis* ・・・・・・・・・・・・・102

情報

●カブトムシのインターネットデータベース

・http://www.coleoptera-neotropical.org/paginaprincipalhome.html：新熱帯区の甲虫
・http://bugguide.net/node/view/12431：昆虫全般ＨＰのカブトムシ
・http://museum.unl.edu/research/entomology/Guide/Guide-introduction/index.html：コガネムシ上科のＨＰ
・http://dynastidae.voila.net/index.html：個人サイト。標本写真が沢山載っている
・http://www.kogane.jp：コガネムシ研究会ＨＰ
なお、関連書については、種別解説の参考文献（129 頁）を参照してください。

●拙著

・小檜山賢二：「象虫」、出版芸術社
マイクロフォトコラージュの手法による初めての剥製写真集、この作品により第 41 回講談社出版文化賞写真賞を受賞した。
・小檜山賢二：「葉虫」、出版芸術社
MicroPresence シリーズの第 2 弾。
・小檜山賢二：「塵騙」、出版芸術社
MicroPresence シリーズの第 3 弾。

・小檜山賢二：「虫をめぐるデジタルな冒険」、岩波書店、本著の、理論 / 技術編である。技術的には少し古くなっているため、「葉虫」で最新の情報を補充した。

● STU Lab. のホームページ

著者の個人研究所のホームページ
昆虫だけでなく、いろいろな活動や個人 blog を公開しているので、一度訪問してください。
http://stulab.jp/

あとがき

MicroPresence シリーズ第 4 弾。これまでと異なり大型で人気のあるカブトムシを取り上げた。よく知られているグループであり、関連書も多い。しかも、我が国に生息する種数が少なく、フィールドでの実感を得る機会が乏しかったため、ねらいを絞るのが難しかった。しかしながら、取り組んでみると、これまで漠然ともっていたカブトムシの概念と異なる魅力にあふれた虫たちであった。そこで、カブトムシの新しい魅力を引き出すことを主眼として作品作りを行った。その企てが、成功しているかどうかは読者の皆さんの評価を待つ。

先ず、永井信二さんに感謝します。永井さんには、同定と解説の監修という大変な仕事を引き受けていただいた。多くのフアンがいるカブトムシでは、より詳細な情報が必要と考え、同定と解説の監修に加え、掲載種全ての個別解説執筆を専門家である永井さんにお願いした。永井さんの存在無くしては、本書を完成することは不可能であった。心よりお礼申し上げる。

養老孟司先生には、今回も帯の文をいただいただけでなく、日頃の交流の中で、様々な示唆をいただいた。有り難うございました。

何時もサポートをいただいている出版芸術社の原田裕会長、津野実社長に感謝する。

2014 年 5 月 31 日

小檜山賢二

著者プロフィール

小檜山　賢二（こひやまけんじ）
慶應義塾大学　名誉教授
URL : http://stulab.jp

1942年 東京生まれ。67年慶慶應義塾大学工学部電気工学科修士課程修了。同年 日本電信電話公社入社。電気通信研究所において、ディジタル無線通信方式の研究に従事。76年工学博士（慶應義塾大学)。92年ＮＴＴ無線システム研究所所長。97年慶應義塾大学大学院政策・メディア研究科教授。08年慶應義塾大学名誉教授

○著書：「塵騙」「葉虫」「象虫」（出版芸術社)、「日本の蝶」・「続日本の蝶」（山と渓谷社)、「鳳蝶」（講談社)、「白蝶」（グラフィック社)、「パーソナル通信のすべて」（NTT出版)、「わかりやすいパーソナル通信技術」（オーム社)、「地球システムとしてのマルチメディア」（NTT出版）、「社会基盤としての情報通信」情報がひらく新しい世界ー5（共立出版)、「虫をめぐるデジタルな冒険」（岩波書店)、「ケータイ進化論」（ＮＴＴ出版）など

○受賞：第41回講談社出版文化賞写真賞（象虫)、電子情報通信学会業績賞、逓信協会前島賞、第21回東川賞新人作家賞、慶應義塾大学義塾賞、Laval Virtual 8th International Conference on Virtual Reality グランプリなど

兜虫 Rhinoceros Beetles：MicroPresence 4

発行日　平成26年7月20日 第1刷

著　者　小檜山賢二
発行者　原田　裕
発行所　株式会社　出版芸術社
〒112-0013
東京都文京区音羽1-17-14 YKビル
電　話　03-3947-6077
ＦＡＸ　03-3947-6078
振　替　00170-4-546917
URL：http://www.spng.jp
印刷所　株式会社東京印書館
製本所　株式会社若林製本工場

落丁本・乱丁本は送料小社負担にてお取替えいたします。

ISBN978-4-88293-468-4　C0072